油气田地面建设
标准化监理技术手册

电气和仪表安装

中国石油勘探与生产分公司 编

石油工业出版社

内容提要

本书是《油气田地面建设标准化监理技术手册》的第三分册,从电气和仪表安装标准化出发,主要阐述了仪表安装工程标准化监理、电气设备安装工程标准化监理、架空电力线路施工过程中标准化监理等方面的标准化工作要求。

本书适合油气田地面建设施工单位、建设单位、监理单位的施工人员、监督人员和项目管理人员使用。

图书在版编目(CIP)数据

油气田地面建设标准化监理技术手册. 电气和仪表安装 / 中国石油勘探与生产分公司编. — 北京:石油工业出版社,2018.10
ISBN 978-7-5183-2996-0

Ⅰ. ①油… Ⅱ. ①中… Ⅲ. ①油气田-地面工程-电气设备-设备安装-标准化-技术手册②油气田-地面工程-仪表-设备安装-标准化-技术手册 Ⅳ. ①TE4-65

中国版本图书馆 CIP 数据核字(2018)第 241241 号

出版发行:石油工业出版社
　　　　　(北京安定门外安华里 2 区 1 号　100011)
　　网　　址:www.petropub.com
　　编辑部:(010)64523562
　　图书营销中心:(010)64523633
经　　销:全国新华书店
印　　刷:保定彩虹印刷有限公司

2018 年 10 月第 1 版　2018 年 10 月第 1 次印刷
850×1168 毫米　开本:1/32　印张:6.5
字数:170 千字

定价:70.00 元
(如出现印装质量问题,我社图书营销中心负责调换)
版权所有,翻印必究

《油气田地面建设标准化监理技术手册》
编 委 会

主　任：汤　林　席励新
副主任：胡玉涛　刘仕鳌
委　员：崔新村　苗新康　谭建祥　魏忠文
　　　　吕博舜　李凯双　富景华　贺廷昭
　　　　韩学东

主　编：胡玉涛　谭建祥
副主编：崔新村　凡山泉
成　员：苗新康　郑　重　吴旺宝　韦善忠
　　　　李志远　何　双　孟松涛　易飞虎
　　　　田建辉　张　超　杨　涛　韩建军
　　　　商占军

《电气和仪表安装》
编 写 组

组　长：韦善忠　孟松涛
副组长：商占军　谭春雷
成　员：宋　峰　陈　婷　杨海江　沈　博
　　　　张　钊

前言 Preface

标准化监理技术是提升监理工作水平，提升监理公司形象，提升油气田地面建设管理水平的有效办法。标准化监理技术基于标准化设计、标准化施工的总体思路，针对监理工作各阶段、油气田地面工程施工各环节进行研究，从而实现监理工作的"管理制度规范化、过程控制流程化、现场检查表单化"。

《油气田地面建设标准化监理技术手册》丛书以现行国家、行业法律法规、标准规范及中国石油天然气集团（股份）有限公司各项相关规定为依据，以项目监理机构基础管理与专业施工过程的监理工作为对象，固化项目监理机构的工作制度与工作程序，明确各专业施工过程中监理工作要点，细化相应监理工作方法，并制订相对应的工作表格，使所有监理工作都有章可循、有据可依。标准化监理技术的应用将明确监理工作方式，规范监理工作行为，统一监理工作标准，最大限度减少监理人员工作的个体差异、避免监理不到位的情况，大幅提升监理工作整体水平。

本套丛书共四个分册。第一分册《基础管理》，主要阐述了项目监理机构组建原则、工程建设各阶段工作要点与监理资料的形成与管理要求。第二分册《工艺管道和设备安装》，主要阐述站内工艺管道安装专业、集输管道、长输管道、动静设备安装、防腐绝热工程施工过程中标准化监理工作要求。第三分册《电气和仪表安装》，主要阐述仪表安装、电气设备安装、架空电力线路施工过程中标准化监理工作要求。第四分册《建筑和油气田道路》，主要阐述油气田地面建设经常涉及的建筑与道路工程标准化监理工作要求。

对每一施工过程监理，按照"适用范围、监理控制点设置、监理要点、关键控制点、验收"五个方面进行详细阐述。本套丛书便于工程项目管理者、现场监理人员较好把握油气田地面建设工程重要管理过程、关键控制环节。同时，针对每一专业监理工作要求，制订一一对应的平行检验与旁站监理工作表格，适用性与可操作性都很强，可有效指导项目管理人员、监理人员进行工程管理。

本套丛书设立了丛书编委会和分册编写组。丛书编委会负责丛书立项审查、统筹安排、统稿、协调审查等，分册编写组负责手册的资料收集、编写修改、表格编制等。

本套丛书由中国石油勘探与生产分公司组织编审，得到了中国石油冀东油田公司的大力支持。期间，中国石油勘探与生产分公司组织相关油气田企业的基建管理、工程质量监督、工程监理、工程施工等多部门、对口专业的特邀专家，多次参加审稿与修订工作，在此一并表示感谢。

由于编者水平有限，书中难免有疏漏和不够准确之处，敬请专家、同仁和广大读者给予批评和指正。

编委会
2018 年 8 月

目录 Contents

第一章 仪表安装工程标准化监理 …………………… (1)
  第一节 仪表设备 ………………………………………… (1)
    一、适用范围 ………………………………………… (1)
    二、监理控制点设置 ………………………………… (1)
    三、监理要点 ………………………………………… (2)
    四、关键控制点 ……………………………………… (8)
    五、验收 ……………………………………………… (8)
  第二节 仪表盘、箱、台、柜 …………………………… (10)
    一、适用范围 ………………………………………… (10)
    二、监理控制点设置 ………………………………… (10)
    三、监理要点 ………………………………………… (10)
    四、关键控制点 ……………………………………… (14)
    五、验收 ……………………………………………… (15)
  第三节 仪表线路 ………………………………………… (16)
    一、适用范围 ………………………………………… (16)
    二、监理控制点设置 ………………………………… (16)
    三、监理要点 ………………………………………… (16)
    四、关键控制点 ……………………………………… (21)
    五、验收 ……………………………………………… (22)
  第四节 仪表管道 ………………………………………… (24)
    一、适用范围 ………………………………………… (24)
    二、监理控制点设置 ………………………………… (24)

三、监理要点 …………………………………… (24)
　　四、关键控制点 ………………………………… (28)
　　五、验收 ………………………………………… (28)
　第五节　仪表试验 ………………………………… (30)
　　一、适用范围 …………………………………… (30)
　　二、监理控制点设置 …………………………… (30)
　　三、监理要点 …………………………………… (30)
　　四、关键控制点 ………………………………… (33)
　　五、验收 ………………………………………… (34)
第二章　电气装置安装工程标准化监理 ……………… (36)
　第一节　电缆线路 ………………………………… (36)
　　一、适用范围 …………………………………… (36)
　　二、监理控制点设置 …………………………… (36)
　　三、监理要点 …………………………………… (37)
　　四、关键控制点 ………………………………… (43)
　　五、验收 ………………………………………… (43)
　第二节　高压电器安装 …………………………… (45)
　　一、适用范围 …………………………………… (45)
　　二、监理控制点设置 …………………………… (45)
　　三、监理要点 …………………………………… (46)
　　四、关键控制点 ………………………………… (55)
　　五、验收 ………………………………………… (55)
　第三节　盘柜安装 ………………………………… (57)
　　一、适用范围 …………………………………… (57)
　　二、监理控制点设置 …………………………… (57)
　　三、监理要点 …………………………………… (58)
　　四、关键控制点 ………………………………… (62)
　　五、验收 ………………………………………… (63)
　第四节　接地装置 ………………………………… (65)

一、适用范围 …………………………………… (65)
二、监理控制点设置 …………………………… (65)
三、监理要点 …………………………………… (65)
四、关键控制点 ………………………………… (70)
五、验收 ………………………………………… (71)
第五节 防爆电气 ………………………………… (73)
一、适用范围 …………………………………… (73)
二、监理控制点设置 …………………………… (73)
三、监理要点 …………………………………… (73)
四、关键控制点 ………………………………… (77)
五、验收 ………………………………………… (78)

第三章 架空电力线路工程标准化监理 …………… (81)
第一节 杆塔基础 ………………………………… (81)
一、适用范围 …………………………………… (81)
二、监理控制点设置 …………………………… (81)
三、监理要点 …………………………………… (82)
四、关键控制点 ………………………………… (87)
五、验收 ………………………………………… (88)
第二节 杆塔组立 ………………………………… (90)
一、适用范围 …………………………………… (90)
二、监理控制点设置 …………………………… (90)
三、监理要点 …………………………………… (90)
四、关键控制点 ………………………………… (93)
五、验收 ………………………………………… (93)
第三节 拉线安装 ………………………………… (95)
一、适用范围 …………………………………… (95)
二、监理控制点设置 …………………………… (95)
三、监理要点 …………………………………… (96)
四、关键控制点 ………………………………… (98)

五、验收 ………………………………………………（98）
第四节　导线架设 …………………………………………（100）
　　一、适用范围 …………………………………………（100）
　　二、监理控制点设置 …………………………………（100）
　　三、监理要点 …………………………………………（100）
　　四、关键控制点 ………………………………………（103）
　　五、验收 ………………………………………………（104）
第五节　附件安装 …………………………………………（106）
　　一、适用范围 …………………………………………（106）
　　二、监理控制点设置 …………………………………（106）
　　三、监理要点 …………………………………………（106）
　　四、关键控制点 ………………………………………（109）
　　五、验收 ………………………………………………（109）
第六节　杆上电器设备及接户线安装 ……………………（110）
　　一、适用范围 …………………………………………（110）
　　二、监理控制点设置 …………………………………（111）
　　三、监理要点 …………………………………………（111）
　　四、关键控制点 ………………………………………（114）
　　五、验收 ………………………………………………（115）
第七节　杆塔接地 …………………………………………（117）
　　一、适用范围 …………………………………………（117）
　　二、监理控制点设置 …………………………………（117）
　　三、监理要点 …………………………………………（117）
　　四、关键控制点 ………………………………………（119）
　　五、验收 ………………………………………………（120）
附录　平行检验记录及旁站记录 ……………………………（122）
　附录一　仪表安装工程标准化监理类 …………………（122）
　　　　　设备和材料进场平行检验记录（PJ-YB-CL-01）
　　　　　………………………………………………………（122）

仪表盘（柜、台、箱）安装平行检验记录
（PJ-YB-PG-01） ………………………………（123）
温度检测仪表安装平行检验记录（PJ-YB-WD-01）
……………………………………………………（125）
压力检测仪表安装平行检验记录（PJ-YB-YL-01）
……………………………………………………（126）
流量检测仪表安装平行检验记录（PJ-YB-LL-01）
……………………………………………………（127）
物位仪表安装平行检验记录（PJ-YB-WW-01）
……………………………………………………（130）
成分分析和物性检测仪表安装平行检验记录
（PJ-YB-FX-01） ………………………………（132）
机械量和其他仪表安装平行检验记录（PJ-YB-JX-01）
……………………………………………………（134）
执行器安装平行检验记录（PJ-YB-ZX-01）………（136）
仪表线路安装平行检验记录（PJ-YB-XL-01）……（138）
仪表管道安装平行检验记录（PJ-YB-GD-01）……（141）
仪表单体调换平行检验记录（PJ-YB-DJ-01）……（143）
仪表联校平行检验记录（PJ-YB-LJ-01）…………（144）
防爆设备附件安装旁站记录（PZ-YB-FBSB-01）
……………………………………………………（146）
控制回路旁站记录（PZ-YB-HLSY-01）…………（147）
程序控制系统和联锁系统试验旁站记录
（PZ-YB-XTSY-01） ……………………………（148）
火灾报警系统试验旁站记录（PZ-YB-XTSY-01）
……………………………………………………（149）
附录二 电气装置安装工程标准化监理类 …………（150）
材料进场平行检验记录（PJ-DQ-CL-01）…………（150）
电缆敷设工程平行检验记录（PJ-DQ-DL-01）……（151）

管配线工程平行检验记录（PJ-DQ-GPX-01）……（154）

电力变压器安装工程平行检验记录（PJ-DQ-GYDQ-01）
………………………………………………………（156）

断路器安装工程平行检验记录（PJ-DQ-GYDQ-02）
………………………………………………………（158）

隔离开关、负荷开关及高压熔断器安装工程平行
　检验记录（PJ-DQ-GYDQ-03）……………（159）

干式电抗器安装工程平行检验记录（PJ-DQ-GYDQ-04）
………………………………………………………（161）

避雷器安装工程平行检验记录（PJ-DQ-GYDQ-05）
………………………………………………………（162）

电容器组工程平行检验记录（PJ-DQ-GYDQ-06）
………………………………………………………（164）

母线安装工程平行检验记录（PJ-DQ-GYDQ-07）
………………………………………………………（165）

盘柜安装工程平行检验记录（PJ-DQ-PG-01）
………………………………………………………（168）

二次接线工程平行检验记录（PJ-DQ-ECJX-01）
………………………………………………………（169）

接地安装工程平行检验记录（PJ-DQ-JD-01）
………………………………………………………（170）

防爆电气安装工程平行检验记录（PJ-DQ-FB-01）
………………………………………………………（172）

电缆试验旁站记录（PZ-DQ-DL-01）……………（174）

电缆（中间、终端）制作旁站监理记录
　（PZ-DQ-DL-02）………………………………（175）

高压设备试验旁站记录（PZ-DQ-SY-03）…………（176）

电容器冲击合闸试验旁站记录（PZ-DQ-SY-04）
………………………………………………………（177）

附录三　架空电力线路工程标准化监理类 ……………（178）
　材料进场平行检验记录（PJ-JKXL-CL-01）………（178）
　土石方工程平行检验记录（PJ-JKXL-GTJC-01）
　　…………………………………………………（179）
　现场浇筑基础工程平行检验记录（PJ-JKXL-GTJC-02）
　　…………………………………………………（180）
　装配式预制基础工程平行检验记录（PJ-JKXL-GTJC-03）
　　…………………………………………………（181）
　岩石基础工程平行检验记录（PJ-JKXL-GTJC-04）
　　…………………………………………………（182）
　杆塔工程平行检验记录（PJ-JKXL-GT-01）
　　…………………………………………………（183）
　拉线安装工程平行检验记录（PJ-JKXL-LX-01）
　　…………………………………………………（185）
　导线架设工程平行检验记录（PJ-JKXL-DX-01）
　　…………………………………………………（186）
　附件安装工程平行检验记录（PJ-JKXL-FJ-01）…（188）
　杆上电器设备及接户线安装工程平行检验记录
　　（PJ-JKXL-GSDQ-01）…………………………（189）
　杆塔接地工程平行检验记录（PJ-JKXL-JD-01）…（192）
　混凝土浇筑旁站记录（PJ-JKXL-JZ-01）…………（193）

第一章 仪表安装工程标准化监理

第一节 仪表设备

一、适用范围

适用于中国石油油气田地面建设工程新建、改建、扩建仪表安装工程中仪表设备安装工程监理。

二、监理控制点设置

监理控制点设置见表1-1。

表1-1 监理控制点设置

序号	监理控制点	主要检查方式	检查频次及要求
1	设备材料进场验收	验收、平行检验	100%检查验收,并按规定与合同约定进行平行检验
2	温度检测仪表	平行检验	主控项目应100%平行检验,一般项目平行检验按合同约定进行
3	压力检测仪表	平行检验	
4	流量检测仪表	平行检验	
5	物位检测仪表	平行检验	
6	分析仪表	平行检验	
7	执行器	平行检验	
8	防爆和接地	平行检验	

三、监理要点

1. 设备材料进场验收

施工单位应在设备材料进场后向监理机构报验,经检查验收合格后方可用于工程。

(1) 资料管控。

施工单位填报 GB/T 50319—2013 中表 B.0.6 "工程材料、构配件、设备报审表",并按要求提供下列资料。

①产品技术文件:主要包括设备清单、符合设计要求的规格、型号、测量范围、精度等级等参数的技术文件。

②仪表及附件的质量证明文件,如产品说明书、合格证、检测报告等。

③进口仪表设备应有国家商检部门出具的商检合格证明文件,并作为 GB/T 50319—2013 中表 B.0.6 的附件。

(2) 设备和材料现场检验。

设备到达工地后,专业监理工程师应参加由建设单位组织的设备开箱检查,并对照设计文件或产品技术规格书完成设备的检查和清点工作。

专业监理工程师在进行设备开箱检查时,应对以下几方面进行检查:

①仪表设备是否包装及密封良好。

②仪表设备规格、型号、材质、数量是否与设计文件的规定一致,是否存在残损和短缺。

③仪表设备铭牌标志是否清晰牢固,附件、备件是否符合设计文件规定。

④设备完成开箱检查验收后,专业监理工程师应及时填写"设备开箱检查记录"。

(3) 不合格品的处理及检验结论。

①不合格品的处理:检验不合格的仪表设备不得使用,监

理人员应要求施工单位对此类仪表设备做好标识和隔离。

②检验结论：设备材料检验完成后，专业监理工程师应及时做出检验结论。

（4）仪表设备材料进场平行检验完成后，专业监理工程师应填写"设备和材料进场平行检验记录"（PJ-YB-CL-01）。

2. 人员、机具检查

（1）施工单位应提前向专业监理工程师提交 GB/T 50319—2013 中表 B.0.7 "_____资质报审、报验表"，确定准备作业人员资质是否满足工程施工需求，并根据工程进度查验人员到位情况；

（2）施工机具进场前应向专业监理工程师提交 GB/T 50319—2013 中表 B.0.7，对施工质量和安全有重要影响的机具，专业监理工程师应抽查实物外观、核查设备技术参数及检定证书，经检验合格方可入场使用。

3. 温度检测仪表安装

（1）温度检测仪表安装前，专业监理工程师应和安装专业监理人员共同对已安装的取源部件的材质、位置、方向进行核查。

（2）温度检测仪表安装前，专业监理工程师应检查仪表设备的安装位置、位号、规格、型号、材质、测量范围、精度等级、附件是否符合设计文件规定。

（3）温度检测仪表安装后，专业监理工程师应检查仪表的接线质量以及导通和绝缘性能。

（4）专业监理工程师应检查表面温度计的感温面与被测对象表面是否接触紧密、固定牢固，压力式温度计的温包是否全部浸入被测对象中。

（5）测温元件安装完成后，专业监理工程师应抽查其深入管道及设备的角度和深度应符合设计文件的规定。

（6）对温度检测仪表安装进行的平行检验，专业监理工程师应按要求填写"温度检测仪表安装平行检验记录"（PJ-YB-

WD-01)。

4. 压力检测仪表安装

（1）压力检测仪表安装前，专业监理工程师应和安装专业监理人员共同对已安装的取源部件的材质、位置、方向、位号、焊接质量进行核查。

（2）压力检测仪表安装前，专业监理工程师应检查仪表设备的安装位置、位号、规格、型号、材质、测量范围、精度等级、附件是否符合设计文件规定。

（3）压力检测仪表安装后，专业监理工程师应检查仪表的接线质量以及导通和绝缘性能。

（4）对压力检测仪表安装进行的平行检验，专业监理工程师应按要求填写"压力检测仪表安装平行检验记录"（PJ-YB-YL-01）。

5. 流量检测仪表安装

（1）专业监理工程师应核查节流件的安装是否符合施工规范的要求，其外观有无损伤，其制造尺寸是否符合设计文件要求。

（2）当孔板或喷嘴安装在水平和倾斜的管道上时，专业监理工程师应根据管道内介质属性检查排泄孔的位置。当管道内介质为液体时，排泄孔的位置应在管道的正上方；介质为气体或蒸气时，排泄孔的位置应在管道的正下方。

（3）专业监理工程师应检查差压计或差压变送器正负压室与测量管道的连接是否正确，是否符合设计文件规定。

（4）流量检测仪表安装前，专业监理工程师应和安装专业监理人员共同对流量取源部件的安装位置以及上下游直管段的最小长度进行核查，在规定的直管段最小长度范围内，不得设置其他取源部件或检测元件。

（5）流量检测仪表安装前，专业监理工程师应检查仪表设备的安装位置、位号、规格、型号、材质、测量范围、精度等级、附件是否符合设计文件规定。

（6）专业监理工程师应检查转子流量计、靶式流量计、涡轮流量计、涡街流量计、超声波流量计、均速管流量计等流量计，上、下游直管段长度是否符合设计文件的规定，当设计文件没有明确时，可参照表1-2执行。

表1-2 各类流量计上下游直管段长度的一般要求（D 为管径）

流量计种类	上游直管段最小长度	下游直管段最小长度
转子流量计	$\geqslant 5D$	—
靶式流量计	$\geqslant 5D$	$\geqslant 3D$
涡轮流量计	$\geqslant 5D \sim 20D$	$\geqslant 3D \sim 10D$
涡街流量计	$\geqslant 10D \sim 40D$	$\geqslant 5D$
电磁流量计	$\geqslant 5D \sim 10D$	$\geqslant 5D$
超声波流量计	$\geqslant 10D \sim 50D$	$\geqslant 5D$
容积式流量计	—	—
均速管流量计	$\geqslant 3D \sim 25D$	$\geqslant 2D \sim 4D$

（7）对流量检测仪表安装进行的平行检验，专业监理工程师应按要求填写"流量检测仪表安装平行检验记录"（PJ-YB-LL-01）。

6. 物位检测仪表安装

（1）物位检测仪表安装前，专业监理工程师应检查其型号、规格、材质、测量范围、位号、压力等级、附件是否符合设计文件规定。

（2）专业监理工程师应检查该分项工程中各类型物位检测仪表的外观质量、安装质量是否符合设计文件和 GB 50093—2013《自动化仪表工程施工及质量验收规范》的规定：

①检查浮筒液位计的安装应使浮筒呈垂直状态，垂直度允许偏差为 2mm/m，浮筒中心应处于正常操作液位或分界液位的高度。

②检查钢带液位计的导向管的垂直度,钢带应处于导向管的中心并滑动自如。

③检查雷达物位计不应安装在进料口的上方,传感器应垂直物料表面。

④检查音叉物位计的两个平行叉板应与地面垂直安装。

(3)核辐射式仪表安装前,专业监理工程师应检查其具体的安装方案,安装中的安全防护措施应符合国家现行有关放射性同位素工作卫生防护标准的规定。在安装现场应有明显的警戒标识。

(4)对物位检测仪表安装进行的平行检验,专业监理工程师应按要求填写"物位仪表安装平行检验记录"(PJ-YB-WW-01)。

7. 分析仪表安装

(1)分析仪表安装前,专业监理工程师应检查仪表设备的位号、规格、型号、材质、测量范围、精度等级、附件是否符合设计文件规定。

(2)专业监理工程师应对可燃气体检测器和有毒气体检测器的安装位置进行检查。当被检测气体的密度大于空气的密度时,检测器距地面的安装位置应符合设计文件的要求,当设计文件无明确要求时,探测器应位于可能出现泄漏点的下方距地面200~300mm的位置。当被检测气体的密度小于空气密度时,检测器应安装于可能出现泄漏点的上方或探测气体的最高可能聚集点上方。

(3)专业监理工程师应检查可燃气体检测器和有毒气体检测器的安装数量和安装距离是否满足设计文件的规定,当设计文件无明确要求时,参照 GB 50493—2009《石油化工可燃气体和有毒气体检测报警设计规范》执行。

(4)分析仪表配套的实验标准样品,数量和浓度应符合设计文件规定,并应包装良好,无泄漏。

(5) 安装辐射式火焰探测器时，专业监理工程师应检查探测器探头上的小孔是否能够对准火焰燃烧处。

(6) 对分析仪表安装进行的平行检验，专业监理工程师应按要求填写"成分分析和物性检测仪表安装平行检验记录"（PJ-YB-FX-01）。

8. 执行器安装

(1) 执行器安装前，专业监理工程师应检查执行器的型号、规格、材质、压力等级、附件等是否符合设计文件规定。

(2) 控制阀应安装在便于观察、操作和维护的位置，专业监理工程师应检查执行机构是否固定牢固，其机械传动是否灵活，操作手轮是否位于便于操作的位置。

(3) 执行机构安装后，专业监理工程师应检查调节机构能否在全开到全关的范围内灵活、平稳动作；与执行机构连接的管道应有充分的伸缩余量，不可妨碍执行机构的动作。

(4) 电磁阀安装前，专业监理工程师应核查电磁阀的进出口方位以及阀门线圈与阀体间的绝缘电阻值是否符合设计文件和产品技术文件的要求。

(5) 对执行器安装进行的平行检验，专业监理工程师应按要求填写"执行器安装平行检验记录"（PJ-YB-ZX-01）。

9. 防爆和接地

(1) 专业监理工程师应检查安装在爆炸危险环境的仪表设备及附件的规格、型号、防爆等级是否符合设计文件的规定。防爆设备是否有铭牌和防爆标识，并对铭牌上的防爆合格证编号的有效性进行核查。

(2) 专业监理工程师应重视对处于爆炸危险性环境的本质安全型仪表设备的检查。该安全型仪表及本质安全关联设备，必须有国家授权机构颁发的产品防爆合格证，其型号、规格的代替，必须经原设计单位确认。

(3) 专业监理工程师应检查现场仪表的外壳，仪表盘、柜、箱、支架、底座等正常不带电的金属部分,是否符合设计文件的要求已做好保护接地,接地电阻值是否符合设计文件或标准规范的要求。

四、关键控制点

1. 仪表取源部件

(1) 仪表设备安装前,专业监理工程师应检查已安装的取源部件的结构尺寸、材质、位置、方向、焊接质量是否符合设计文件和 GB 50093—2013 的规定。

(2) 压力取源部件的端部不应超出设备或管道内壁;当压力取源部件与温度取源部件在同一管段上时,应安装在温度取源部件的上游侧。

(3) 在设备和管道上安装取源部件的开孔和焊接工作,必须在设备和管道的防腐、衬里和压力试验前进行,取源部件不应在焊缝及其边缘上开孔及焊接。

(4) 专业监理工程师应检查取源部件在设备和管道上的焊接时机。设备上的取源部件应在设备制造的同时安装,管道上的取源部件应在管道预制、安装的同时安装。

2. 防爆和接地

专业监理工程师应检查温度检测仪表、压力检测仪表、流量检测仪表、物位检测仪表、成分分析和物性检测仪表、机械量和其他检测仪表以及执行器的防爆和接地是否符合设计文件和标准规范的要求。

据工程性质及现场实际情况,关键控制点不限于上述内容。

五、验收

1. 验收依据

(1) 已批准的工程设计文件。

(2) 标准规范:

GB 50093—2013《自动化仪表工程施工及质量验收规范》；

SY 4205—2018《石油天然气建设工程施工质量验收规范 自动化仪表工程》；

GB 50166—2007《火灾自动报警系统施工及验收规范》；

GB 50257—2014《电气装置安装工程 爆炸和火灾危险环境电气装置施工及验收规范》。

(3) 与项目有关的其他文件。

2. 验收组织

仪表设备安装工程验收由总监理工程师代表（建设单位代表）组织相关单位人员，共同按设计要求和质量验收规范进行。

3. 验收条件

仪表设备安装工程应在施工单位自检合格的基础上，经施工单位提出验收申请后组织。同时施工单位应提供下列技术文件和检验批质量验收记录：

(1) 仪表设备及附件的产品技术文件和质量证明文件；

(2) 该分项工程涉及的温度检测仪表、压力检测仪表、流量检测仪表、物位检测仪表、成分分析和物性检测仪表以及执行器的安装检验批质量验收记录。

4. 验收重点内容

(1) 各类仪表设备的开箱检查验收。

(2) 该分项工程所含各检验批的质量验收。

(3) 各类型取源部件的结构尺寸、材质、位置、方向以及焊接质量验收。

5. 验收合格判定

(1) 检验批验收合格标准：

①具有完整的施工操作依据和质量检查记录；

②主控项目经抽样检验，全部符合相关专业工程施工质量验收规范的规定；

③一般项目的质量经抽样检验有 80% 及以上的检查点符合

相关专业工程施工质量验收规范的规定，其余检查点也基本接近相关专业工程施工质量验收规范的规定。

（2）分项工程验收合格标准：所含的检验批的质量记录完整且均验收合格。

第二节　仪表盘、箱、台、柜

一、适用范围

适用于中国石油油气田地面建设工程新建、改建、扩建仪表安装工程中仪表盘、箱、台、柜安装监理。

二、监理控制点设置

监理控制点设置见表1-3。

表1-3　监理控制点设置

序号	监理控制点	主要检查方式	检查频次及要求
1	材料进场验收	验收、平行检验	100%检查验收，并按规定与合同约定进行平行检验
2	型钢底座	平行检验	主控项目应100%平行检验，一般项目平行检验按合同约定进行
3	仪表盘、柜、台、箱	平行检验	
4	仪表电源设备	平行检验	
5	防爆和接地	平行检验	

三、监理要点

1. 材料进场验收

施工单位应在原材料进场后向监理机构报验，经检查验收合格后方可用于工程。

（1）资料管控。

施工单位填报 GB/T 50319—2013 中表 B.0.6，并按要求提供下列资料。

①产品技术文件：主要包括设备装箱清单、满足设计文件规定的型号、规格等技术参数的产品技术文件。

②仪表盘柜及附件的质量证明文件：如产品说明书、合格证、检测报告等。

③进口仪表盘柜应有国家商检部门出具的商检合格证明文件，并作为 GB/T 50319—2013 中表 B.0.6 的附件。

（2）仪表盘柜和材料现场检验。

仪表盘柜到达工地后，专业监理工程师应参加由建设单位组织的设备开箱检查，并对照设计文件或产品技术规格书完成盘柜的检查和清点工作。

专业监理工程师在进行设备开箱检查时，应对以下几方面进行检查：

①检查仪表盘柜是否包装及密封良好，产品技术文件和质量证明文件是否齐全；

②检查仪表盘柜铭牌、防爆标识、防护等级、型号、位号、数量、外形尺寸、安装孔尺寸、内外表面涂层等是否与设计文件的规定一致，盘柜表面是否有变形、损伤，内部设备是否有脱落或者损坏；

③检查仪表设备铭牌标志是否清晰牢固，随箱物品（包括随机资料、备品备件、专用工具等）是否符合设计文件规定；

④设备完成开箱检查验收后，专业监理工程师应及时填写"设备开箱检查记录"。

（3）不合格品的处理及检验结论。

①不合格品的处理：检验不合格的仪表盘、柜、台、箱不得使用，监理人员应要求施工单位对此类仪表盘、柜、台、箱做好标识和隔离。

②检验结论：仪表盘柜检验完成后，专业监理工程师应及时做出检验结论。

2. 人员、机具检查

（1）专业监理工程师应检查审核施工单位报验的 GB/T 50319—2013 中表 B.0.7，确定特殊工种作业人员资格能否满足工程施工需求，并根据工程进度查验人员到位情况；

（2）专业监理工程师应检查审核施工单位报验的 GB/T 50319—2013 中表 B.0.7，对施工质量和安全有重要影响的机具，专业监理工程师应抽查实物外观核查设备参数及检定证书。

3. 型钢底座

仪表盘、柜、台、箱安装之前，专业监理工程师应对盘柜基础型钢底座的制作、安装质量进行检查，对土建结构专业施工人员提出相关要求（表 1-4）。对基础型钢对进行的平行检验，专业监理工程师应按要求填写"仪表盘（柜、台、箱）安装平行检验记录"（PJ-YB-PG-01）。

表 1-4　型钢底座安装的检查

项目	直线度允许偏差	水平度允许偏差
底座长度≤5m	1mm/m	1mm/m
底座长度>5m	5mm	5mm

4. 仪表盘、柜、台、箱

（1）仪表盘、柜、台、箱安装前，专业监理工程师应核查其型号、位号、防爆标识、防护等级、安装孔尺寸等是否符合设计文件规定，柜体是否有变形，外表面涂层是否有损伤。

（2）仪表盘、柜、台、箱的安装要求主要是牢固、美观，专业监理工程师除按照设计文件规定监督施工单位进行安装外，还应与建设、使用单位有效沟通，根据现场实际情况确定具体安装位置和平面布置。

（3）专业监理工程师应检查现场接线箱的安装是否符合下列规定：

①检查周围环境温度不宜高于45℃；

②检查安装位置到各检测点的距离应适当，箱体中心距操作地面的高度宜为1.2~1.5m；

③检查安装位置不应影响操作、通行和设备维修；

④检查接线箱应密封并标明编号，箱内接线应标明线号；

⑤不锈钢材质接线箱的固定，检查不得与碳钢材料直接接触。

（4）专业监理工程师应严格控制仪表盘、柜、台、箱在安装过程中的水平度、垂直度、平面度等各项偏差。

（5）对仪表盘、柜、台、箱安装前、后进行的平行检验，专业监理工程师应按要求填写"仪表盘（柜、台、箱）安装平行检验记录"（PJ-YB-PG-01）。

5. 仪表电源设备安装

（1）专业监理工程师应检查盘柜内安装的电源设备及配电线路，两带电导体间，导电体与裸露的不带电导体间的电气间隙和爬电距离是否符合规范要求，见表1-5。

表1-5 电气间隙和爬电距离检查

额定电压（V）	电气间隙（mm）	爬电距离（mm）
≤60	≥3	≥3
60<U≤300	≥5	≥6
300<U≤500	≥8	≥10

（2）专业监理工程应在电源设备安装前检查其规格、型号、安装位置是否符合设计文件要求。电源设备的安装应牢固、整齐，设备位号、端子标号、用途标识、操作标识应完整无缺；金属供电箱应有明显的接地标识，接地连接线应牢固可靠。

(3）电源设备安装后，专业监理工程师应检查接地系统的接地电阻值是否符合设计文件要求。

6. 防爆和接地

（1）专业监理工程师应对仪表盘、柜、箱内的本质安全电路敷设情况进行检查：

①检查仪表盘、柜、箱内的本质安全电路与关联电路或其他电路的接线端子之间的间距，不得小于50mm；当间距不符合要求时，应采用高于端子的绝缘板隔离。

②检查仪表盘、柜、箱内的本质安全电路敷设配线，应与非本质安全电路分开，并应采用有盖汇线槽或绑扎固定，线束固定点应靠近接线端。

（2）专业监理工程师应检查处于火灾危险环境中的仪表箱、盒的材质。用于火灾危险环境的装有仪表及电气设备的箱、盒等，应采用金属或阻燃材料制品，电缆和电缆桥架也应采用阻燃材料。

四、关键控制点

1. 仪表盘柜的安装和连接方式

（1）专业监理工程师应检查仪表盘、柜、台、箱之间及盘、柜、操作台内各设备构件之间的连接是否牢固，安装固定时不应采用焊接方式。安装用的紧固件应为防锈材料。

（2）在仪表盘、柜、台、箱进行焊接特别是气焊气割会造成变形和油漆损伤，同时有可能对设备和内部线路造成损伤，因此在安装及加工过程中应采用机械加工方法加工。

2. 接地

专业监理工程师应检查仪表盘、柜、台、箱的工作接地、保护接地和屏蔽接地是否符合设计文件的规定。

据工程性质及现场实际情况，关键控制点不限于上述内容。

五、验收

1. 验收依据
（1）已批准的工程设计文件。
（2）标准规范：
GB 50093—2013《自动化仪表工程施工及验收规范》；
SY 4205—2016《石油天然气建设工程施工质量验收规范 自动化仪表工程》。
（3）与项目有关的其他文件。

2. 验收组织
仪表盘、柜、台、箱的安装验收由总监理工程师代表（建设单位代表）组织相关单位人员，共同按设计要求和质量验收规范进行。

3. 验收条件
仪表盘、柜、台、箱的安装应在施工单位自检合格的基础上，由施工单位提出验收申请后组织。同时施工单位应提供下列技术文件和施工记录：
（1）仪表盘、柜、台、箱的质量证明文件和产品技术文件；
（2）仪表盘、柜、台、箱安装记录。

4. 验收重点内容
（1）仪表盘、柜、台、箱的开箱检查验收；
（2）仪表盘、柜、台、箱的安装和平面布置；
（3）仪表盘、柜、台、箱的接地安装。

5. 验收合格判定
（1）检验批验收合格标准：
①具有完整的施工操作依据和质量检查记录；
②主控项目经抽样检验，全部符合相关专业工程施工质量验收规范的规定；

③一般项目的质量经抽样检验有80%及以上的检查点符合相关专业工程施工质量验收规范的规定，其余检查点也基本接近相关专业工程施工质量验收规范的规定。

（2）分项工程验收合格标准：所含的检验批的质量记录完整且均验收合格。

第三节 仪表线路

一、适用范围

适用中于国石油油气田地面建设工程新建、改建、扩建的仪表安装工程中仪表线路工程监理。

二、监理控制点设置

监理控制点设置见表1-6。

表1-6 监理控制点设置

序号	监理控制点	主要检查方式	检查频次及要求
1	材料进场验收	验收、平行检验	100%检查验收，并按规定与合同约定进行平行检验
2	电（光）缆敷设	平行检验	主控项目应100%平行检验，一般项目平行检验按合同约定进行
3	电缆支架、桥架安装	平行检验	
4	电缆导管安装	平行检验	
5	防爆密封	旁站	

三、监理要点

1. 材料进场验收

施工单位应在原材料进场后向监理机构报验，经检查验收合格后方可用于工程。

(1) 资料管控：

施工单位填报 GB/T 50319—2013 中表 B.0.6，并按要求提供下列资料：

①产品清单，主要包括产品名称、规格型号、生产厂家、生产批号、数量、自检结果及自检人员单位签章等，进口材料应有国家商检部门出具的商检证明，并作为 GB/T 50319—2013 中表 B.0.6 的附件；

②电缆、桥架等材料及附件的书面文件，如产品说明书、产品合格证、质保书、检测报告等。

(2) 现场材料检查：

①专业监理工程师应检查进场的电缆、桥架等材料，其规格、型号、材质、数量、产品合格证等与报验资料和设计文件是否相符；

②电缆外观检查应完好，电缆端口应密封严密；耐热、阻燃电缆外护层有明显标识和制造厂标。

(3) 不合格品的处理及检验结论。

①不合格品的处理：检验不合格的材料，不予进场，并督促施工单位做好标识和隔离；

②检验结论：材料检验完成后，检验结论应及时做出。检验结论应清晰明确，签署过结论的材料报验单，应及时发布。

2. 电（光）缆敷设

(1) 电（光）缆敷设前，监理人员应检查其规格、型号是否符合设计文件规定，检查电缆沟的宽度、深度等是否满足设计文件和标准规范的要求。

(2) 专业监理工程师应检查电缆排列是否整齐，固定时是否松紧适当，绝缘层有无损坏。光缆敷设前，专业监理工程师应检查其外观质量和导通性能，其敷设、连接质量是否符合设计文件和标准规范的要求。

(3) 专业监理工程师应检查电缆的绝缘性能是否符合设计

文件和标准规范的要求。绝缘电阻试验应用直流500V兆欧表测量，100V以下的线路采用直流250V兆欧表测量绝缘电阻，其阻值不应小于5MΩ。

（4）在电缆、电线进入仪表盘、柜后，专业监理工程师应检查配线的安装质量是否符合设计文件和标准规范的要求。

（5）专业监理工程师应检查仪表线路的敷设位置、路径及仪表线路与其他设备、管道之间的距离是否符合设计文件和标准规范的要求，见表1-7。

表1-7 仪表线路与其他设备、管道之间的距离要求

	绝热设备/管道绝热层	其他设备、管道	强磁电气设备
仪表线路	>200mm	>150mm	
明敷信号线路	—	—	>1.5m
屏蔽电缆/穿管电缆	—	—	>0.8m

3. 隐蔽工程检查

（1）电（光）缆敷设完成后，专业监理工程师应检查电（光）缆的铺沙盖砖情况是否符合设计文件或标准规范的要求。

（2）电缆沟回填前，施工单位自检合格后，填写GB/T 50319—2013中表B.0.7报专业监理工程师。

（3）专业监理工程师在收到报验申请后到场验收，并将验收结论写入"隐蔽工程验收记录"，验收合格后方可回填。

（4）对电（光）缆敷设前、后进行的平行检验，专业监理工程师应按要求填写"仪表线路安装平行检验记录"（PJ-YB-XL-01）。

4. 电缆支架、桥架安装：

（1）电缆支架安装：

①电缆支架安装前，专业监理工程师应检查支架的规格、材质、结构形式是否符合设计文件规定；

②专业监理工程师应对支架的安装位置和安装方式进行检查，安装方式应符合 GB 50093—2013 中的要求；

③电缆桥架及电缆导管安装时，专业监理工程师应检查金属支架的位置和支架之间的间距是否符合设计文件的规定。当设计文件未规定时，电缆桥架及电缆导管的金属支架间距宜为 1.50~3.00m。在拐弯处、终端处及其他需要的位置应设置支架。直接敷设电缆的支架间距，当水平敷设时宜为 0.80m；当垂直敷设时宜为 1.00m。

（2）电缆桥架的安装：

①电缆桥架在安装前，专业监理工程师应查看设计文件对其型号、规格、外观质量、安装路径进行确认；

②为了减少不同信号、不同电压等级线路之间的相互干扰，专业监理工程师应检查电缆桥架内，交流电源线路和信号线路是否采取了隔离措施；

③电缆桥架安装完成后，专业监理工程师应检查其外观质量和开孔方式是否符合设计文件和标准规范的要求。电缆桥架的安装应横平竖直，排列整齐，成排拐弯时弧度应一致。电缆桥架的开孔应采用机械方法，电缆引出位置应有护口。

（3）对电缆支架、桥架安装进行的平行检验，专业监理工程师应按要求填写"仪表线路安装平行检验记录"（PJ-YB-XL-01）。

5. 电缆导管安装

（1）监理人员应对电缆导管的外观质量进行检查，电缆导管不得有变形或裂缝，其内部应清洁、无毛刺、管口应光滑、无锐边。

（2）电缆导管敷设完成后，监理人员应检查其排列是否整齐，固定是否牢固，弯管的加工制作以及金属电缆导管的连接是否符合施工规范的要求。

（3）监理人员应检查电缆导管与现场仪表或现场仪表箱、接线箱、接线盒连接时是否符合标准规范的要求。

（4）当敷设的电缆导管引出地面时，管口宜高出地面200mm，并应有防水、防尘措施；当从地下引入落地式仪表盘、柜、箱时，宜高出盘、柜、箱内地面50mm。

（5）对电缆导管安装进行的平行检验，专业监理工程师应按要求填写"仪表线路安装平行检验记录"（PJ-YB-XL-01）。

6. 防爆密封

（1）专业监理工程师应对安装在爆炸危险环境中的仪表线路、电气设备及材料进行检查，其规格型号必须符合设计文件的规定。

（2）在爆炸和火灾危险环境中，当防爆仪表或者电气设备引入电缆时，专业监理工程师应检查以下几点：

①检查是否采用防爆密封圈或密封填料进行封堵；

②检查外壳上多余的孔是否做好防爆密封处理；

③检查弹性密封圈的一个孔是否只密封一根电缆。

（3）专业监理工程师应对本质安全线路的敷设情况进行检查。

①检查本质安全电路和非本质安全电路不得共用一根电缆或穿同一根电缆导管。

②当采用的芯线无分别屏蔽的电缆或无屏蔽的导线时，应检查两个及其以上不同回路的本质安全电路，不得共用同一根电缆或穿同一根电缆导管。

③当本质安全电路和非本质安全电路在同一电缆桥架或同一电缆沟内敷设时，应检查是否采用接地的金属隔板或绝缘板隔离，或分开排列敷设，其间距应大于50mm，并应分别固定牢固。

④当本质安全电路与非本质安全电路共用一个接线箱时，检查本质安全电路与非本质安全电路接线端子之间应采用接地的金属板隔开。

（4）专业监理工程师应对处于爆炸危险区域的电缆桥架、

电缆导管进行检查以确保做好隔离密封措施：

①检查当电缆桥架或电缆沟道通过不同等级的爆炸危险区域的分隔间壁时，在分隔间壁处必须做充填密封；

②检查当电缆导管穿过不同等级爆炸危险区域的分隔间壁时，分界处电缆导管和电缆之间、电缆导管和分隔间壁之间应做充填密封；

③检查当电缆导管与仪表、检测元件、电气设备、接线箱连接时，或进入仪表盘、柜、箱时，应安装防爆密封管件，并应充填密封。

（5）在爆炸和火灾危险环境中进行防爆设备附件安装时，专业监理工程师应按要求填写"防爆设备附件安装旁站记录"（PZ-YB-FBSB-01）。

四、关键控制点

1. 电缆绝缘电阻测试

（1）电缆电线敷设前后，专业监理工程师应对其绝缘电阻值进行两次检查，应用500V兆欧表测量，绝缘电阻值不应小于5MΩ。当电缆、电线从外部进入仪表盘、柜内，应在其导通检查及绝缘电阻检查合格后，方可进行配线。

（2）在进行电缆电线敷设后的绝缘电阻测量时，专业监理工程师应要求施工单位必须将已连接上的仪表设备及部件断开，以防止测量绝缘电阻时对仪表及其部件造成损坏。

（3）火灾自动报警系统导线敷设后，应用500V兆欧表测量每个回路导线对地的绝缘电阻，该绝缘电阻值不应小于20MΩ。

2. 爆炸危险环境中仪表线路连接

当处于爆炸危险环境中仪表线路需要进行连接时，专业监理工程师应检查连接方式。线路的连接，必须在设计文规定采用的防爆接线箱内接线，接线必须牢固可靠、接地良好，并应有防松和防脱拔装置。

3. 仪表及控制系统的接地

专业监理工程师应对仪表及控制系统的接地情况进行检查。各仪表回路应只有一个信号回路接地点并且应该接在显示仪表侧；仪表及控制系统的工作接地、保护接地应共用接地装置。

4. 仪表线路的隔热、防火、防水和封堵

（1）当敷设仪表线路周围环境温度超过65℃或者线路附近有火源时，专业监理工程师应对线路是否采取隔热和防火措施进行检查。

（2）当线路从室外进入室内或者进入室外的盘、柜、箱时，专业监理工程师应对线路的防水和密封措施进行检查。

据工程性质及现场实际情况，关键控制点不限于上述内容。

五、验收

1. 验收依据

（1）已批准的工程设计文件。

（2）标准规范：

GB 50093—2013《自动化仪表工程施工及质量验收规范》；

SY 4205—2016《石油天然气建设工程施工质量验收规范 自动化仪表工程》；

GB 50166—2007《火灾自动报警系统施工质量验收规范》；

GB 50168—2006《电气装置安装工程电缆线路施工及验收规范》；

GB 50575—2010《1kV及以下配线工程施工与验收规范》。

（3）与项目有关的其他文件。

2. 验收组织

仪表线路安装工程验收由总监理工程师代表（建设单位代表）组织相关单位人员，共同按设计要求和质量验收规范进行。

3. 验收条件

仪表线路安装工程应在施工单位自检合格的基础上,并经施工承包单位提出验收申请后组织。同时施工承包单位应提供下列技术文件和施工记录:

(1) 电缆及有工程相关材料的质量证明文件和产品技术文件;

(2) 电缆绝缘电阻测试记录;

(3) 电缆隐蔽工程验收记录;

(4) 电(光)缆敷设施工记录;

(5) 电缆接续施工记录;

(6) 光缆单盘测试记录;

(7) 光缆熔接测试记录。

4. 验收重点内容

(1) 仪表线路的安装验收;

(2) 电缆桥架的安装验收;

(3) 电缆导管的安装验收。

5. 验收合格判定

(1) 检验批验收合格标准:

①具有完整的施工操作依据和质量检查记录;

②主控项目经抽样检验,全部符合相关专业工程施工质量验收规范的规定;

③一般项目的质量经抽样检验有 80% 及以上的检查点符合相关专业工程施工质量验收规范的规定,其余检查点也基本接近相关专业工程施工质量验收规范的规定。

(2) 分项工程验收合格标准:所含的检验批的质量记录完整且均验收合格。

第四节 仪表管道

一、适用范围

适用于中国石油油气田地面建设工程新建、改建、扩建仪表安装工程中仪表管道监理。

二、监理控制点设置

监理控制点设置见表1-8。

表1-8 监理控制点设置

序号	监理控制点	主要检查方式	检查频次及要求
1	材料进场验收	验收、平行检验	100%检查验收,并按规定与合同约定进行平行检验
2	仪表管道安装	平行检验	主控项目应100%平行检验,一般项目平行检验按合同约定进行
3	测量管道安装	平行检验	
4	气动信号管道	平行检验	
5	气源管道	平行检验	

三、监理要点

1. 材料进场验收

施工单位应在材料进场后向监理机构报验,经检查验收合格后方可用于工程。

(1) 资料管控。

施工单位填报 GB/T 50319—2013 中表 B.0.6,并按要求提供下列资料：

①产品清单，主要包括产品名称、规格型号、生产厂家、生产批号、数量、自检结果及自检人员单位签章等，并作为"工程材料、构配件、设备报审表"表 B.0.1 的附件；

②材料及附件附随的书面文件，如产品说明书、产品合格证、质保书、检测报告等。

（2）现场材料检查：

监理人员应对照设计文件设备表和材料表清单检查仪表管道安装所用的材料、阀门及管配件的型号、规格、材质、压力等级等是否符合设计文件要求，随机技术文件是否齐全。

（3）不合格品的处理及检验结论。

①不合格品的处理：检验不合格的材料，不予进场，并督促施工单位做好标识和隔离；

②检验结论：材料检验完成后，检验结论应及时做出。检验结论应清晰明确，签署过结论的材料报验单，应及时发布。

2. 仪表管道安装

仪表管道的安装应考虑被传输介质的物性、温度、压力等级等，同时要保证测量的准确、整齐美观、易于维护。监理人员应在熟悉设计文件的基础上，明确工艺管道与仪表管道的划分界面，以便更加准确地开展工作。同时，仪表专业监理工程师应积极与工艺专业监理工程师进行沟通，以确保工程施工过程不存在缺检项目。

仪表管道安装施工中，专业监理工程师应检查仪表管道的安装位置、坡度、间距、路径、焊接质量、试压情况是否符合设计文件和标准规范的要求。

（1）仪表管道安装前的检查：

①专业监理工程师应检查仪表管道及阀门、管配件的型号、规格、材质是否符合设计文件的规定。管道不宜安装在有碍检修、易受机械损伤、有腐蚀和振动的位置。

②仪表管道安装前，监理人员应检查管道内部是否清扫干净，外部是否已进行预防腐，管端是否已临时封闭，需要脱脂的管道应在脱脂检查合格后安装。

③仪表管道焊接前，监理人员应检查施工人员是否具有特种作业资格。焊接作业人员应取得相关单位颁发的资格证书。

（2）仪表管道的安装检查：

①埋地仪表管道经试压、防腐处理合格后，由专业监理工程师确认后方可埋入。直接埋地的管道连接时必须采用焊接，并应在穿过道路、沟道及进出地面处应加保护套管。仪表管道回填前，施工单位填写 GB/T 50319—2013 中表 B.0.7，专业监理工程师签认后方可回填。

②检查金属管道的弯制不可使用气焊，宜采用冷弯，管子弯制后，应无裂纹和凹陷。

③专业监理工程师应检查仪表管道支架的制作和安装方式是否符合 GB 50093—2013 的要求，同时还应对仪表管道的坡度以及管道支架的间距进行检查；

④不锈钢管固定时，检查不锈钢管不应与碳钢材料直接接触。不锈钢管与支架、固定卡子之间宜加设隔离垫板。

（3）对仪表管道安装进行的平行检验，专业监理工程师应按要求填写"仪表管道安装平行检验记录"（PJ-YB-GD-01）。

3. 测量管道

（1）测量管道施工过程中，专业监理工程师应要求施工单位在满足测量要求的前提下，结合设计文件和现场实际情况按最短路径敷设。

（2）在低温管道敷设以及测量管道与高温设备、管道连接时，专业监理工程师应检查施工单位是否按要求采取膨胀补偿措施。

（3）测量管道水平敷设时，专业监理工程师应要求施工单位根据不同的物料及测量要求，有 1:10～1:100 的坡度，其倾斜方向应保证能排除气体或冷凝液。当无法满足时，应在管道的集气处安装排气装置，在集液处安装排液装置。

（4）对仪表测量管道安装进行的平行检验，专业监理工程师应按要求填写"仪表管道安装平行检验记录"（PJ-YB-GD-01）。

4. 气动信号管道

（1）气动信号管道安装前，专业监理工程师应对管道材质进行检查，应采用紫铜管、不锈钢管或聚乙烯、尼龙管。

（2）专业监理工程师应检查施工单位是否按照设计文件要求进行气动信号管道敷设和连接，其敷设质量是否满足标准规范要求。

（3）对气动信号管道安装进行的平行检验，专业监理工程师应按要求填写"仪表管道安装平行检验记录"（PJ-YB-GD-01）。

5. 气源管道

（1）气源管道采用镀锌钢管或无缝钢管进行连接时，专业监理工程师应检查其连接方式。气源管道采用镀锌钢管时，应采用螺纹连接，拐弯处应采用弯头管件，连接处应密封。当缠绕密封带或涂抹密封胶时，不得使其进入管内。当采用无缝钢管时，应焊接连接，焊接时焊渣不得落入管内。

（2）气源系统安装完毕后应进行吹扫，专业监理工程师应对吹扫过程进行检查，吹扫过程应符合下列要求：

①吹扫前，应检查将控制室气源入口、各分气源总入口和接至各仪表气源入口处的过滤减压阀断开并敞口，先吹总管，然后依次吹干管、支管及接至各仪表的管道；

②检查吹扫气应使用合格的仪表空气；

③检查排出的吹扫气应用涂白漆的木制靶板检验，1min 内靶板上无铁锈、尘土、水分及其他杂物时，即为吹扫合格。

（3）气源装置使用前，专业监理工程师应核查施工单位是否按照设计文件规定整定气源压力值。

四、关键控制点

1. 仪表管道安装

仪表管道安装过程中专业监理工程师应根据现场情况，重点检查以下施工环节：

（1）仪表管道的焊接质量应符合现行国家标准 GB 50236—2011 的有关规定，不得损伤仪表设备。

（2）仪表管道与仪表连接应轴线一致，装配正确，与设备连接时不应使仪表设备承受其他机械应力。

（3）专业监理工程师应现场测量检查隔离容器的安装位置。隔离容器应垂直安装，成对隔离容器的安装标高必须一致。

（4）仪表管道穿越墙体、楼板或不同等级的爆炸危险区域、火灾危险区域和有毒场所的分隔间壁时，应加装保护套管，套管内应无接头，并采取充填密封措施。

2. 仪表管道安装及系统试压

专业监理工程师应核查仪表管道安装及系统试压是否符合设计文件要求。

据工程性质及现场实际情况，关键控制点不限于上述内容。

五、验收

1. 验收依据

（1）已批准的工程设计文件。

（2）标准规范：

SY 4200—2007《石油天然气建设工程施工质量验收规范通则》；

GB 50093—2013《自动化仪表工程施工及验收规范》；

SY 4205—2016《石油天然气建设工程施工质量验收规范 自动化仪表工程》；

GB 50236—2011《现场设备、工业管道焊接工程施工规范》。

(3) 与项目有关的其他文件。

2. 验收组织

仪表管道安装工程验收由总监理工程师代表（建设单位代表）组织相关单位人员，共同按设计要求和质量验收规范进行。

3. 验收条件

仪表管道安装工程验收应在施工单位自检合格的基础上，并经施工单位提出验收申请后组织。同时施工单位应提供下列技术文件和施工记录：

(1) 仪表管道及材料质量证明文件、产品技术文件；

(2) 隐蔽工程记录；

(3) 仪表管路试压、脱脂、酸洗记录。

4. 验收重点内容

(1) 仪表管道安装验收；

(2) 测量管道的安装验收；

(3) 气源管道的安装验收；

(4) 仪表管道的压力实验检查。

5. 验收合格判定

(1) 检验批验收合格标准：

①具有完整的施工操作依据和质量检查记录；

②主控项目经抽样检验，全部符合相关专业工程施工质量验收规范的规定；

③一般项目的质量经抽样检验有80%及以上的检查点符合相关专业工程施工质量验收规范的规定，其余检查点也基本接近相关专业工程施工质量验收规范的规定。

(2) 分项工程验收合格标准：所含的检验批的质量记录完整且均验收合格。

第五节 仪表试验

一、适用范围

适用于中国石油油气田地面建设工程新建、改建、扩建仪表安装工程中仪表试验监理。

二、监理控制点设置

监理控制点设置见表1-9。

表1-9 监理控制点设置

序号	监理控制点	主要检查方式	检查频次及要求
1	仪表单体调校	平行检验	主控项目应100%平行检验，一般项目平行检验按合同约定进行
2	仪表电源设备试验	平行检验	
3	回路试验	平行检验、旁站	
4	程序控制系统和联锁系统的试验	旁站	
5	火灾报警系统试验	旁站	

三、监理要点

1. 仪表单体调校

（1）仪表设备安装前，专业监理工程师应检查仪表设备的校验记录或者检定证书是否真实、准确、有效，仪表调试单位是否按照 GB 50093—2013 的要求对各种类型的仪表进行校验，并及时对校验结果签署意见。

（2）施工现场设立实验室时，专业监理工程师应对实验室进行检查。检查仪表校验单位和人员是否具有相应的资质和资格、实验环境、电源电压、气源等实验条件是否符合 GB 50093—2013 的要求。

（3）专业监理工程师应对仪表校准和试验用的标准仪器仪表进行检查，标准仪器仪表应具备有效的计量检定证书，其基本误差的绝对值不宜超过被校准仪表基本误差绝对值的 1/3，试验用的标准仪器仪表，至少应保证其准确度比被校准仪表高一个等级。

（4）对于仪表单体调校进行的平行检验，专业监理工程师应按要求填写"仪表单体调校平行检验记录"（PJ-YB-DJ-01）。

2. 仪表电源设备试验

（1）专业监理工程师应检查电源设备的绝缘电阻值是否满足规范要求。仪表电源设备的带电部分与金属外壳之间的绝缘电阻，用 500V 兆欧表测量，试验的测量结果不应小于 5MΩ。

（2）检查电源输出的稳定电压及带负载能力是否符合设计文件的规定。

（3）专业监理工程师应检查不间断电源的自动切换性能、切换时间和切换电压值等各项技术指标能否满足设计文件要求。

3. 回路试验

自动化仪表工程在系统投用前应进行回路试验。仪表回路试验前，专业监理工程师应检查确认该回路上的所有安装工作已经完成、仪表及附属设备调试合格并运行正常。同时，专业监理工程师应检查施工单位是否按照 GB 50093—2013 的要求进行回路试验。

（1）在检测回路的信号输入端输入模拟被测变量的标准信号，回路的显示仪表部分的示值误差，不应超过回路内各单台仪表允许基本误差平方和的平方根值。专业监理工程应核对试验数据是否真实有效，是否符合设计文件和标准规范的规定。

（2）对于温度检测回路，在检测元件的输出端向回路输入电阻值或毫伏值模拟信号，回路显示仪表部分的示指误差，不应超过回路内各单台仪表允许基本误差平方和的平方根值。专业监理工程应核对试验数据是否真实有效，是否符合设计文件和标准规范的规定。

（3）在控制回路中，通过控制器或操作站向执行器发送控制信号，专业监理工程师应检查执行器的全行程动作方向和位置是否正确；当控制回路执行器带有定位器时，专业监理工程师应注意定位器是否同时进行试验；当控制器或操作站上有执行器的开度和起点、终点信号显示时，专业监理工程师还应同时检查实验开度和起点、终点信号的正确性。

（4）专业监理工程师对控制回路的检查，应按要求填写"控制回路旁站记录"（PZ-YB-HLSY-01）。

（5）专业监理工程师应检查报警系统中有报警信号的仪表设备、检测报警开关、仪表的报警输出点，是否根据设计文件规定的设定值进行整定。

（6）专业监理工程师应检查在报警回路的信号发生端模拟输入型号时，报警灯光、音响和屏幕显示是否正确。

（7）报警回路实验完成后，专业监理工程师应检查报警的消音、复位和记录功能是否正确。

4. 程序控制系统和联锁系统试验

（1）程序控制系统、联锁系统试验前，专业监理工程师应检查与其有关装置的硬件和软件功能试验、系统相关的回路试验是否已完成。

（2）专业监理工程师应检查系统中的各有关仪表和部件的动作设定值的整定值是否符合设计文件规定。

（3）专业监理工程师应检查程序控制系统的试验是否按照程序设计的步骤逐步进行，其联锁条件判定、逻辑关系、动作时间和输出状态等是否符合设计文件规定。

（4）对程序控制系统和联锁系统试验的检查，专业监理工程师应按要求填写"程序控制系统和联锁系统试验旁站记录"

（PZ-YB-XTSY-01）。

5. 火灾报警系统的试验

在进行火灾报警系统试验时，专业监理工程师应按照以下几个方面进行检查，并按照要求填写"火灾报警系统试验旁站记录"（PZ-YB-XTSY-01）：

（1）通电前应确认全部设备、器件和线路的绝缘电阻、接地电阻符合设计要求，接地系统工作正常。

（2）通电检查全部探测器、区域报警控制器、集中报警控制器、火灾报警装置和消防控制设备的工作状态应符合设计文件规定，运行正常。

（3）系统的自检功能、消音、复位功能、故障报警功能、火灾优先功能应符合设计文件规定。

（4）系统的各项检测、控制和联动功能应符合设计文件规定。

四、关键控制点

1. 流量检测仪表校准和试验

对于现场不具备校准条件的流量检测仪表，专业监理工程师应对其制造厂的产品合格证和有效的计量检定证明进行验证。

2. 可编程序控制器、分散控制系统、现场总线控制系统试验

专业监理工程师应检查可编程序控制器、分散控制系统、现场总线控制系统的硬件试验和软件试验是否符合 GB 50093—2013 的规定。

3. 系统试验

系统试验中仪表专业监理工程师应与其他相关的专业人员配合，共同确认程序运行和联锁保护条件及功能的正确性，并对试验过程中相关设备和装置的运行状态和安全防护采取必要措施。

据工程性质及现场实际情况，关键控制点不限于上述内容。

五、验收

1. 验收依据

(1) 已批准的工程设计文件。

(2) 标准规范:

GB 50093—2013《自动化仪表工程施工及质量验收规范》;

SY 4205—2016《石油天然气建设工程施工质量验收规范 自动化仪表工程》;

GB 50166—2007《火灾自动报警系统施工质量验收规范》。

(3) 与项目有关的其他文件。

2. 验收组织

仪表试验由总监理工程师代表(建设单位代表)组织相关单位人员,共同按设计要求和质量验收规范进行。

3. 验收条件

仪表试验应在施工单位自检合格的基础上,并经施工单位提出验收申请后组织。同时施工单位应提供下列技术文件和施工记录:

(1) 该分项工程涉及的各类型仪表设备的校验记录;

(2) 报警、连锁系统实验记录;

(3) 仪表回路联校记录;

(4) 火灾、消防监控系统基本功能测试记录;

(5) 综合控制系统回路测试记录,综合控制系统模拟量输入输出测试记录,综合控制系统开关量输入输出测试记录。

4. 验收内容

(1) 对仪表校验单位、人员以及标准仪器仪表的检查;

(2) 对仪表电源设备实验的检查;

(3) 对可编程序控制器、分散控制系统、现场总线控制系统的硬件实验和软件实验的检查;

(4) 对回路实验的检查;

(5) 对程序控制系统和连锁系统实验的检查。

5. 验收合格判定

(1) 检验批验收合格标准：

①具有完整的施工操作依据和质量检查记录；

②主控项目经抽样检验，全部符合相关专业工程施工质量验收规范的规定；

③一般项目的质量经抽样检验有 80% 及以上的检查点符合相关专业工程施工质量验收规范的规定，其余检查点也基本接近相关专业工程施工质量验收规范的规定。

(2) 分项工程验收合格标准：所含的检验批的质量记录完整且均验收合格。

第二章 电气装置安装工程标准化监理

第一节 电缆线路

一、适用范围

适用于中国石油油气田地面建设工程新建、改建、扩建电气装置安装工程中电缆线路工程监理。

二、监理控制点设置

监理控制点设置见表2-1。

表2-1 监督控制点设置

序号	监理控制点	主要检查方式	检查频次及要求
1	材料进场验收	验收、平行检验	100%检查验收,并按规定与合同约定进行平行检验
2	高压电缆试验	旁站	主控项目应100%平行检验,一般项目平行检验按合同约定进行
3	电缆沟开挖	平行检验	
4	电缆支架、桥架安装	平行检验	
5	电缆导管安装	平行检验	
6	电缆敷设	平行检验	
7	高压电缆终端(中间)接头制作	旁站	

三、监理要点

1. 进场材料验收

施工单位应在原材料进场后向监理机构报验,经检查验收合格后方可用于工程。

(1) 资料检查。

施工单位填报 GB/T 50319—2013 中表 B.0.6,并按要求提供下列资料:

①产品清单,主要包括产品名称、规格型号、生产厂家、生产批号、数量、自检结果及自检人员单位签章等,进口材料应有国家商检部门出具的商检证明,并作为 GB/T 50319—2013 中表 B.0.6 的附件;

②材料附随的书面文件,如产品说明书、产品合格证、质保书、检测报告等。

(2) 现场材料检查。

在报验资料经审查合格后,专业监理工程师应采用平行检验的方式对进场材料实物进行抽检。抽检内容包含但不局限于以下几个方面:

①现场检查验收电缆材料,检查其规格、型号、材质、数量、现场合格证等与设计文件、报验资料是否相符;

②外观检查应完好。

(3) 不合格品的处理及检验结论。

①不合格品的处理:检验不合格的材料,不予进场,并监督施工单位做好标识和隔离;

②检验结论:材料检验完成后,要及时做出结论。

(4) 专业监理工程师对材料进场进行平行检验,应填写相应的材料平行检验记录。

2. 人员、机具检查

(1) 专业监理工程师应检查审核施工单位报验的 GB/T

50319—2013 中表 B.0.7，确定特殊工种作业人员资质满足工程施工需求，并根据工程进度现场查验人员到位情况；

（2）专业监理工程师应检查审核施工单位报验的 GB/T 50319—2013 中表 B.0.7，对施工质量和安全由重要影响的机具，专业监理工程师应抽查实物外观核查设备参数及鉴定证书。

3. 电缆试验

（1）电缆试验前，专业监理工程师审核施工人员与报验相符。

（2）专业监理工程师检查施工单位应按 GB 50150—2016《电气装置安装工程 电气设备交接试验标准》的规定进行电缆试验，试验项目包含以下：

①绝缘电阻测量；

②直流耐压及泄漏电流测量；

③交流耐压等试验。

（3）专业监理工程师对电缆试验的试验报告或测试结果进行检查，并对结果进行签认。

（4）高压电缆试验时，监理人员进行旁站，并填写"电缆试验旁站记录"（PZ-DQ-DL-01）。

4. 电缆沟开挖

（1）电缆沟开挖完成后，专业监理工程师应对电缆沟进行平行检验。

①测量电缆沟深度应符合设计要求；

②检查电缆沟内无石块等异物；

③检查电缆弯曲半径应符合 GB 50168—2006《电气装置安装工程电缆线路施工及验收规范》的要求。

（2）专业监理工程师对电缆沟的平行检验，并填写"电缆敷设工程平行检验记录"（PJ-DQ-DL-01）。

5. 电缆的支架、桥架安装

（1）支、托架安装后，专业监理工程师对电缆支、托架安装质量进行平行检验：

①检查支架、托架焊接应牢固、横平竖直，无显著变形；
②检查支架、托架切口处应无卷边、毛刺，其长度一致；
③检查支架、托架防腐处理应完整，油漆完好，颜色一致；
④检查支架层间距及支架距离应符合设计及 GB 50303—2015《建筑电气工程施工质量验收标准》的要求，成排安装的电缆支架高差不应大于 5mm；
⑤检查支架、托架全长均应接地良好。

（2）电缆桥架安装完毕后，专业监理工程师对其安装质量进行平行检验：
①检查桥架安装位置应正确，且安装牢固；
②检查拐角内侧应无直角，成排时弧度一致；
③检查电缆桥架跨越建筑物变形缝处应设置补偿装置；
④检查桥架盖板应安装牢固，拆卸方便；螺栓连接应牢固，螺母应在槽外侧；
⑤检查金属电缆桥架及其引入、引出的金属导管应接地（PE）可靠，金属电缆桥架及其支架全长不应少于 2 处与接地（PE）干线相连。

（3）专业监理工程师对支架、桥架安装进行的平行检验，填写"电缆敷设工程平行检验记录"（PJ-DQ-DL-01）。

6. 电缆导管安装

（1）专业监理工程师对导管外观进行检查：
①检查电缆导管不应有穿孔、裂缝和严重腐蚀；
②检查导管敷设应横平竖直，固定牢固，并列敷设时管口应高低一致；
③检查金属管口应无毛刺、棱角，宜做成喇叭形或安装塑料保护套；
④检查非镀锌钢质导管应在外表涂防腐漆或涂沥青，镀锌管锌层剥落处也应涂以防腐漆；
⑤检查电缆保护管的弯头数量，每根电缆管的弯头不应超

过3个,直角弯不应超过2个;

⑥电缆管在弯制后,不应有裂缝和显著的凹瘪现象,其弯扁程度不宜大于管子外径的10%,弯曲半径不应小于所穿电缆最小弯曲半径。

(2)电缆保护管连接后,专业监理工程师检查导管的连接质量:

①检查导管的连接应牢固,密封应良好,两管口应对准。套接的短套管或带螺纹的管接头的长度,不应小于导管外径的2.2倍。金属导管不宜直接对焊。

②硬质塑料管在套接或插接,专业监理工程师检查其插入深度宜为管子内径的1.1~1.8倍。在插接面上应涂以胶合剂粘牢密封;采用套接时套管两端应封焊。

③检查金属导管不应对口溶焊连接。

(3)导管敷设完成后,专业监理工程师应检查导管固定情况:

①导管支持点间的距离,当设计无规定时,不宜超过3m;

②明敷塑料导管检查时,当其直线长度超过30m时,宜加装伸缩节。

(4)专业监理工程师对电缆导管安装质量的平行检验,填写"管配线工程平行检验记录"(PJ-DQ-GPX-01)。

7. 电缆敷设

(1)在电缆敷设前专业监理工程师检查电缆试验完成,电缆沟、电缆桥架等已完工,满足电缆敷设要求;该部位电缆导管敷设完成。

(2)专业监理工程师监督检查电缆敷设过程:

①检查电缆不得有铠装压扁、电缆绞拧、保护层折裂等未消除的机械损伤;

②当电缆损伤严重时应要求暂时停止电缆敷设,确定解决方案;

③检查电缆应排列整齐，不宜交叉，并留有余量；
④检查控制电缆不应有中间接头。

(3) 专业监理工程师对直埋电缆的隐蔽工程检查：

①在收到施工单位填写的"隐蔽工程验收报审表"后应到场验收；

②测量电缆表面距地面的距离不应小于 0.7m，穿越农田或在车行道下敷设时不应小于 1m；

③检查电缆之间，电缆与其他管道、道路、建筑物等之间平行和交叉时的最小净距应符合规范及设计文件的规定，严禁将电缆平行敷设于管道的上方或下方；

④检查电缆与各种工艺管线交叉跨越距离以及与易燃易爆气体管道、热力管道的距离应符合 GB 50168—2006 或 GB 50303—2015 的规定；

⑤检查电缆的铺沙盖砖情况应符合设计文件及标准规范的要求；

⑥对直埋电缆的隐蔽工程检查验收的结果进行签认。

(4) 专业监理工程师对电缆支架、桥架电缆敷设质量的检查：

①检查电力电缆和控制电缆不应配置在同一层支架上；

②检查高低压电力电缆，强电、弱电控制电缆一般宜由上而下分层配置；

③检查控制电缆在普通支架上不宜超过 1 层，桥架上不宜超过 3 层；

④检查交流三芯电力电缆，在普通支吊架上不宜超过 1 层，桥架上不宜超过 2 层；

⑤检查电缆在电缆沟转弯、桥架转角处的弯曲弧度应一致、过渡自然；

⑥检查所有直线电缆沟及桥架的电缆必须拉直，不允许直线沟内、支架上及桥架内有电缆弯曲或下垂现象。

(5) 电缆敷设完毕后，专业监理工程师应对施工单位的"电缆敷设施工检查记录"签字确认。

(6) 专业监理工程师应对直埋电缆敷设进行平行检验，并填写"电缆敷设工程平行检验记录"(PJ-DQ-DL-01)。

8. 电缆附件

(1) 电缆终端制作时，专业监理工程师对制作过程及完成后的外观质量进行检查：

①检查电缆头芯线应连接紧密，相位一致；

②检查电缆头制作时应符合产品技术要求；

③检查电缆头固定应牢固，排列应整齐，金属护层接地应良好；

④电缆接线完成后检查电线、电缆的回路标记应清晰，编号应准确。

(2) 在中间接头的制作时，专业监理工程师监督检查施工单位应按产品说明书或工艺规程进行操作：

①制作前应检查电缆中间接头的型号、规格、电压等级，均应符合设计规定；

②检查电缆中间接头盒及其配件应齐全、无损伤；

③压接时检查连接管压模尺寸应与芯线规格相符，外观应完好；

④接地线与电缆屏蔽层、铠装层连接应符合 GB 50168—2006 的要求，锡焊外观应平整，无毛刺。

(3) 在高压电缆终端、中间接头制作过程中，监理人员应进行旁站，并填写"电缆（中间、终端）制作旁站监理记录"(PZ-DQ-DL-02)。

9. 电缆标识检查

(1) 电缆敷设完后，专业监理工程师应检查电缆终端头处装设的电缆标志牌，电缆标志牌宜采用电缆标牌打印机打印，电缆标志牌中应标明编号。

（2）电缆回填完毕后专业监理工程师检查直埋电缆标志桩的埋设，在直线段每隔 50~100m、电缆接头处、转弯处、进入建筑物处应设置明显的标桩或符合设计文件和标准规范的要求。

四、关键控制点

1. 防爆场所电缆沟回填

专业监理工程师应检查防爆场所直埋电缆的回填：

（1）电缆隐蔽工程应验收合格；

（2）监督电缆沟回填过程避免电缆受到机械伤害，回填土满足回填要求；

（3）检查电缆与地下热力管线等的间距及措施符合要求。

2. 电缆临时封头

电缆在敷设完成后，专业监理工程师监督施工单位两端要做好临时的封头，做好防水防潮措施。

3. 电缆终端接地

在电缆接线完成后，专业监理工程师应检查电缆终端应接地良好，接地材料及接地形式要符合设计及标准要求。

根据工程性质及现场实际情况，关键控制点不限于上述内容。

五、验收

1. 验收依据

（1）工程设计文件。

（2）标准规范：

SY 4200—2007《石油天然气建设工程施工质量验收规范 通则》；

SY 4206—2007《石油天然气建设工程施工质量验收规范 电气工程》；

GB 50168—2006《电气装置安装工程电缆线路施工及验收规范》。

(3) 与项目有关的其他文件。

2. 验收组织

电缆线路工程作为一个分项工程,验收由专业监理工程师或总监理工程师代表组织相关单位人员,共同按设计要求和质量验收规范进行。

3. 验收条件

电缆线路工程验收应在施工单位自检合格的基础上,并经施工单位提出验收申请后组织。同时施工承包单位应提供下列技术文件和施工记录:

(1) 电缆、电缆桥架、电缆保护管、电缆附件等工程材料的质量证明文件,需要进行复检的材料还要提供检测报告;

(2) 高压电缆试验报告;

(3) 电缆绝缘电阻测试记录;

(4) 电缆隐蔽工程验收记录;

(5) 电缆敷设施工检查记录;

(6) 电缆头施工记录。

4. 验收重点内容

(1) 对工程内在质量有直接影响的重要材料、构(配)件、零部件、设备及附件的材质技术性能要求;

(2) 对安全和使用功能有重大影响的工程性能检测、测试要求,如高压电缆试验;

(3) 工程实体检查符合设计文件及标准规范的要求。

5. 验收合格判定

(1) 检验批验收,合格标准:

①具有完整的施工操作依据和质量检查记录;

②主控项目经抽样检验,全数符合相关专业工程施工质量验收规范的规定;

③一般项目的质量经抽样检验有 80% 及以上的检查点符合相关专业工程施工质量验收规范的规定,其余检查点也基本接

近相关专业工程施工质量验收规范的规定。

（2）分项工程合格标准：所含的检验批的质量记录完整且均验收合格。

（3）分部工程合格标准：控制资料完整、所含分项工程的质量均应验收合格。

第二节　高压电器安装

一、适用范围

适用于中国石油油气田地面建设工程新建、改建、扩建电气装置安装工程中高压电器安装监理。

二、监理控制点设置

监理控制点设置见表 2-2。

表 2-2　监理控制点设置

序号	监理控制点	主要检查方式	检查频次及要求
1	进场材料验收	平行检验	100%检查验收，并按规定与合同约定进行平行检验
2	变压器安装	平行检验	主控项目应 100%平行检验，一般项目平行检验按合同约定进行
3	断路器安装	平行检验	
4	隔离开关、负荷开关及高压熔断器安装	平行检验	
5	干式电抗器安装	平行检验	
6	避雷器安装	平行检验	
7	电容器组安装	平行检验	
8	母线安装	平行检验	
9	高压电器试验	旁站	

三、监理要点

1. 进场材料验收

施工单位应在原材料进场后向监理机构报验，经检查验收合格后方可用于工程。

（1）资料检查。

施工单位填报 GB/T 50319—2013 中表 B.0.6，并按要求提供下列资料：

①产品清单，主要包括产品名称、型号、设备容量、生产厂家、生产批号、数量、施工承包单位自检结果及自检人员单位签章等，进口材料应有国家商检部门出具的商检证明，并作为 GB/T 50319—2013 中表 B.0.6 的附件；

②材料附随的书面文件，如产品说明书、产品合格证、质保书、检测报告等。

（2）现场材料检查。

在报验资料经审查合格后，专业监理工程师应采用平行检验的方式对进场材料实物进行抽检。抽检内容包含但不局限于以下几个方面：

①业监理工程师按照设备清单、施工图纸及设备技术资料，检查所进场高压电器，核对设备本体及附件、备件的规格、型号应符合设计图纸要求；其附件、备件齐全，产品出厂合格证、技术资料、说明书齐全。

②专业监理工程师组织对变压器进行外观检查，本体外观无损伤及变形，油漆完好无损伤，油箱封闭良好，无漏油、渗油现象，油标处油面正常，绝缘瓷件及环氧树脂铸件无损伤、缺陷及裂纹。

③专业监理工程师组织对断路器的所有部件及备件进行检查，外观无锈蚀或机械损伤。绝缘部件无变形、受潮，充有六氟化硫等气体的部件，其压力值应符合产品的技术规定。

④专业监理工程师组织对电容器进行检查,外壳无显著变形,锈蚀、裂缝及渗油,瓷套管无破损、裂纹,配件完整。

⑤专业监理工程师组织对避雷器外观检查,是否有裂纹、破损、污秽现象,胶合及密封情况良好。检查避雷器内部是否有异常音响。

⑥专业监理工程师组织对电抗器进行检查,电抗器的体积、规格、型号、数量及安装方式应符合设计要求,支柱及线圈绝缘等无严重损伤和裂纹,线圈无变形。

⑦检查硬母线外观表面光洁平整,无裂纹褶皱,平直无变形扭曲。抽测规格符合设计要求。

⑧检查软母线外观应无扭结、断股、松散及其他明显的损伤或严重腐蚀等缺陷,导线无凹陷、变形及毛刺。

(3) 不合格品的处理及检验结论。

①不合格品的处理:对于进场材料的平行检验,专业监理工程师应按批次进行抽检,抽检比例不低于同一批次材料数量的20%,检验不合格的材料,不予进场,同时对该批材料加倍抽检,若仍有不合格,则该批材料不得使用。并监督施工承包单位做好标识和隔离。

②检验结论:材料检验完成后,要及时做出结论。

③专业监理工程师对材料进场进行平行检验,应填写"材料进场平行检验记录"(PJ-DQ-CL-01)。

2. 人员、机具检查

(1) 专业监理工程师应检查审核施工单位报验的 GB/T 50319—2013 中表 B.0.7,确定特殊工种作业人员资质满足工程施工需求,并根据工程进度现场查验人员到位情况;

(2) 专业监理工程师应检查审核施工单位报验的 GB/T 50319—2013 中表 B.0.7,对施工质量和安全由重要影响的机具,专业监理工程师应抽查实物外观核查设备参数及鉴定证书。

3. 变压器安装

（1）在变压器安装前，专业监理工程师应组织施工承包单位对变压器的基础、预埋钢板进行检查验收，基础、预埋钢板应符合设计和规范要求。

（2）变压器安装后，专业监理工程师对变压器本体及附件进行检查：

①检查变压器安装位置应正确，装有气体继电器的变压器，应使其顶盖沿气体继电器气流方向有 1%~1.5% 的升高坡度（制造厂规定不需安装坡度继电器者除外）；

②检查器身应干净，无渗油，油漆应完好；

③检查与器身直接连通的附件内部应清洗干净，安装牢固；

④检查调压分接开关转动应灵活，接触应良好，位置应正确；

⑤检查冷却装置应无渗漏，风机固定应牢靠，转向应正确，转动应灵活；

⑥检查高压套管、低压套管应清洁，无裂纹、伤痕、渗漏；

⑦检查测温装置动作应准确。

（3）变压器油加注时，专业监理工程师检查注油应符合 GB 50148—2010 的有关要求，加注油标号应正确，油位指示应符合要求；变压器绝缘油应符合 GB 50150—2016 的规定。

（4）专业监理工程师对变压器本体及附带电缆进行检查；变压器本体及敷设的电缆应排列整齐，美观，固定与防护措施可靠；二次接线应按照设计和厂家图纸进行核对，图纸与实际应相符合。

（5）变压器接地安装完成后，专业监理工程师检查变压器本体应与接地网可靠接地，接地线材质符合设计要求；接地线应横平竖直、工艺美观，裸露接地线的地上部分应涂以黄色和绿色相间条纹标识，间隔宽度统一为 50mm 或 100mm。

（6）专业监理工程师检查配电变压器低压侧中性点应与接地

装置引出的接地干线直接连接，变压器箱体、干式变压器的支架或外壳应接地（PE），所有连接应可靠，紧固件及防松零件齐全。

（7）专业监理工程师对变压器的平行检验，填写"电力变压器安装工程平行检验记录"（PJ-DQ-GYDQ-01）。

4. 断路器安装

（1）断路器吊装时，专业监理工程师检查吊装位置是否为设备上指定的吊点，不得随意吊装，并尽量不要拆除瓷套管上的外包装，以免吊装时钢绳磕碰瓷套管。

（2）断路器安装完成后，专业监理工程师应对安装质量及接线进行平行检验：

①检查断路器安装应垂直，固定应牢靠，排列应整齐，断路器瓷件表面应清洁，无裂纹；

②检查操动机构应固定牢靠，外表应清洁、完整；

③油断路器安装后，检查应无渗油现象，油位正常；

④六氟化硫断路器安装后，应充有额定压力的六氟化硫气体，气体泄漏率和含水量应符合规定；

⑤检查位置指示器动作应正确，分闸、合闸应正常，无卡阻；

⑥检查接线端子的接触面应涂以薄层电力复合脂，铜铝接线时有过渡措施接线端子不受应力，硬母线连接时应有过渡措施；

⑦检查连接螺栓应齐全、紧固，并抽查紧固力矩符合 GB 50149—2010 的有关规定。

（3）断路器二次回路按设计图纸进行电缆接线时，专业监理工程师应核对回路设计与使用产品的符合性，验证回路接线的可靠性。

（4）油断路器需要现场注油时，专业监理工程师检查注入断路器的绝缘油应合格。

（5）断路器接地完成后，专业监理工程师检查断路器及支架接地线固定应可靠、接触应良好，防腐应完整、无遗漏，接地线油漆应完好，色标应正确。

（6）断路器安装的平行检验，专业监理工程师应填写"断路器安装工程平行检验记录"（PJ-DQ-GYDQ-02）。

5. 隔离开关、负荷开关及高压熔断器安装

（1）隔离开关安装后，专业监理工程师检查隔离开关的触头、绝缘子、均压环等的安装质量：

①检查相间连杆应在同一水平线上，触头应相互对准，接触应良好；

②检查绝缘子应清洁，无裂纹和机械损伤；

③检查均压环（罩）和屏蔽环（罩）应安装牢固、平整；

④110kV及以下隔离开关安装检查相间距离允许偏差为10mm，110kV以上的检查允许偏差为20mm；

⑤检查三相隔离开关触头不同期允许值：10k～35kV允许偏差为5mm，63k～110kV允许偏差为10mm，220kV允许偏差为20mm。

（2）负荷开关安装后，专业监理工程师应检查外观及三相同期：

①合闸时，检查主固定触头应可靠地与主刀刃接触；分闸时，检查三相灭弧刀刃应同时跳开；

②检查灭弧筒内有机绝缘物应完整无裂纹，灭弧触头与灭弧筒的间隙应符合要求；

③检查三相同期性和分闸时的触头间净距及拉开角度应符合产品技术要求；

④带油的负荷开关油箱检查内外应清洁，油箱内油合格，并无渗漏。

（3）设备安装后，专业监理工程应检查传动机构、操作机构、闭锁装置的安装质量：

①检查传动部件安装位置应正确，固定牢靠；与带电部分

的距离应符合 GB 50149—2010 的有关规定；

②检查操作机构动作应平稳，无卡阻、冲击等异常情况，限位装置应准确、可靠，位置正确，到达规定分、合闸极限位置时应可靠切除电、气源；

③检查闭锁装置应动作灵活，准确可靠，辅助切换接点安装应牢固，动作应准确，接触应良好。

（4）对于设备的导电部分，专业监理工程师应检查触头表面应平整、清洁，无氧化膜；载流部分表面应无凹陷及锈蚀，合闸后触头间应接触紧密，两侧的接触压力应均匀，设备接线端子应涂电力复合脂。

（5）高压熔断器安装后，专业监理工程师检查带钳口的熔断器，其熔丝管应紧密地插入钳口内；装有动作指示器的熔断器，安装位置应便于检查指示器动作情况；跌落式熔断器的有机绝缘物应无裂纹、变形，熔断器熔丝应符合设计要求。

（6）设备接地安装后，专业监理工程师检查设备及支架接地线固定应可靠、接触应良好，支架及接地线防腐应完整、无遗漏，且油漆应完好，色标应正确。

（7）专业监理工程师对隔离开关、负荷开关熔断器安装进行的平行检验，填写"隔离开关、负荷开关及高压熔断器安装工程平行检验记录"（PJ-DQ-GYDQ-03）。

6. 干式电抗器安装

（1）电抗器安装时，专业监理工程师对电抗器外观、线圈绕向、支柱绝缘子等安装进行平行检验：

①电抗器安装时，检查电抗器应按编号进行安装，检查电抗器线圈绕向应符合设计文件及标准规范的要求；

②安装完成后，检查干式电抗器外观完好无变形及绝缘损坏，其重量应均匀地分配于所有支柱绝缘子上，找平时允许在支柱绝缘子底座下放置钢垫片，但应固定牢固；

③电抗器上、下重叠安装时，检查在其绝缘子项部应放置

与项帽同样大小且厚度不超过4mm的绝缘纸板垫或橡胶垫片。在户外安装时，应放置橡胶垫片。

（2）电抗器接线完成后，专业监理工程师检查电抗器接线端子与母线的连接应符合 GB 50149—2010 的要求；检查引线、连线连接螺栓紧固力矩符合产品要求，当电抗器额定电流为1500A 及以上时，应采用非磁性金属材料制成的螺栓。

（3）电抗器接地完成后，专业监理工程师检查电抗器接地线应横平竖直、工艺美观；裸露接地线的地上部分应涂以黄色和绿色相间条纹标识，间隔宽度统一为50mm或100mm。

（4）电抗器安装进行的平行检验，专业监理工程师应填写"干式电抗器安装工程平行检验记录"（PJ-DQ-GYDQ-04）。

7. 避雷器安装

（1）专业监理工程师对避雷器安装的检查：

①避雷器组装时，检查其各节位置应符合产品出厂标志的编号，编号不得互换，法兰间连接可靠，连接处的金属接触表面应除去氧化膜及油漆，并涂一层电力复合脂；

②检查避雷器应安装垂直，避雷器的绝缘底座安装应水平；

③检查并列安装的避雷器三相中心应在同一直线上，相间中心距离允许偏差为10mm，铭牌应于易于观察的同一侧。

（2）专业监理工程师检查金属氧化物避雷器的排气通道应通畅，排出的气体不致引起相间或对地闪络，并不得喷及其他电气设备。

（3）专业监理工程师检查避雷器在线监测仪（放电计数器）应密封良好、动作可靠，并按产品技术文件要求连接。在线监测仪安装位置应一致、便于观察。监测仪计数器应调至同一值。

（4）均压环在吊装最后一节或上段瓷柱时，专业监理工程师检查地面安装应牢固，平整，不得歪斜；均压环无划痕、碰撞产生的毛刺。

（5）接地线安装后，专业监理工程师检查避雷器接地引下线和在线监测仪（放电计数器）底座接地应连接、固定牢固；避雷器应专门敷设接地线，用最短的接地线与主接地网连接。

（6）避雷器均压环进行的平行检验，专业监理工程师应填写"避雷器安装工程平行检验记录"（PJ-DQ-GYDQ-05）。

8. 电容器组安装

（1）电容器组安装前，专业监理工程师应根据单个电容器容量的实测值检查三相电容器组的配对，使三相容量的差值最小，最大与最小的差值不超过三相平均电容量的5%。

（2）专业监理工程师检查电容器套管、芯棒应无弯曲或滑扣，引出线端连接用螺母垫圈应齐全，外壳应无显著变形、锈蚀、渗油。

（3）电容器组安装时专业监理工程师检查电容器组柜、架安装应平正、牢固，油漆应完好，配置应使铭牌面向通道一侧，并应有顺序编号；电容器间接线应符合设计要求，对称一致，整齐美观，母线相色应正确。

（4）电容器组安装后，专业监理工程师检查凡不与地绝缘的每个电容器的外壳及电容器的构架均应接地，凡与地绝缘的电容器的外壳均应接到固定的电位上。

（5）耦合电容器安装后，专业监理工程师检查其安装应平整，外壳应清洁、无渗漏，无裂纹和缺损，顶盖螺栓不应松动，电容器引线不应受过大横向拉力，两节或多节耦合电容器叠装时，应按制造厂编号顺序排列。

（6）电容器组安装的平行检验，专业监理工程师应填写"电容器组工程平行检验记录"（PJ-DQ-GYDQ-06）。

9. 高压电器设备的试验

（1）试验前，专业监理工程师应检查确认高压电器设备及其附件安装完毕；

（2）检查试验试验人员及设备应满足试验要求，并确认试验单位具有试验资质；

(3) 检查试验内容应按 GB 50150—2016 的规定进行；

(4) 试验过程检查通信要畅通，试验区域已做好警示、隔离措施；

(5) 试验完毕后，专业监理工程师对试验结果进行核查签认；

(6) 试验时监理人员进行旁站，并填写"高压设备试验旁站记录"（PZ-DQ-SY-03）。

10. 母线安装

(1) 支架及绝缘子安装时，专业监理工程师检查支架焊接及防腐、绝缘子固定、绝缘子间距及外观应符合要求。

(2) 专业监理工程师检查硬母线外观应符合要求，母线的固定、伸缩节设置应符合要求，检查母线相色应符合要求。

(3) 专业监理工程师对隔板及瓷套管安装检查：

①检查隔板及瓷套管安装应平整、牢固，套管应清洁无裂纹，间距应均匀；

②电流在 1500A 及以上的套管直接固定在钢板上时，应检查套管周围不应构成闭合磁路；

③电流在 600A 及以上母线式套管，应检查端部的金属夹板要选用非磁性材料。

(4) 专业监理工程师对软母线安装检查：

①检查软母线不应有扭结、松股、断股、损伤及严重锈蚀等缺陷；

②检查软母线配套金具规格应相符，零配件应齐全；

③检查软母线和组合导线在档距内不应有接头，同一档距内，三相母线弛度应一致。

(5) 专业监理工程师对母线焊接的检查：

①母线焊接时，专业监理工程师检查焊接材料应与母材匹配，焊接材料和母材坡口两侧表面 50mm 范围内应清洁无氧化层；

②焊后专业监理工程师检查母线的弯折度不应大于母线全

长的 0.2%，焊缝外观应良好，焊缝加强高度应为 2~4mm。

（6）母线与其他设备搭接时，专业监理工程师应检查各种材料搭接时，连接方式应符合要求。

（7）母线安装完成后，专业监理工程师检查母线接地与防腐应符合要求。

（8）母线安装进行的平行检验，专业监理工程师应填写"母线安装工程平行检验记录"（PJ-DQ-GYDQ-07）。

四、关键控制点

1. 变压器就位

专业监理工程师应监督变压器就位过程，采用吊装就位的，大型变压器吊装时，专业监理工程师要先审查施工单位编制的吊装方案。吊装时专业监理工程师到场监督吊装方案的实施情况，现场核对审查作业人员资质情况，机具、吊具的状态是否与报验相符，吊装当时天气情况等，如存在较大差异或者存在安全隐患的，专业监理工程师有权中止作业。

2. 电容器冲击合闸试验

（1）新安装的电力电容器组在正式运行前需要进行冲击合闸试验。监理人员在试验时要进行旁站。

（2）旁站过程监理人员要检查电容器补偿电容量是否合适，电容器所用熔断器是否合适，三相电流是否平衡。

根据工程性质及现场实际情况，关键控制点不限于上述内容。

五、验收

1. 验收依据

（1）工程设计文件。

（2）标准规范：

SY 4200—2007《石油天然气建设工程施工质量验收规范通则》；

GB 50147—2010《电气装置安装工程　高压电器施工及验

收规范》;

GB 50148—2010《电气装置安装工程 电力变压器、油浸电抗器、互感器施工及验收规范》;

GB 50149—2010《电气装置安装工程 母线装置施工及验收规范》;

GB 50150—2016《电气装置安装工程 电气设备交接试验标准》;

GB 50169—2016《电气装置安装工程 接地装置施工及验收规范》。

(3) 与项目有关的其他文件。

2. 验收组织

高压电器安装工程作为一个分项工程,验收由专业监理工程师或总监理工程师代表组织相关单位人员,共同按设计要求和质量验收规范进行。

3. 验收条件

高压电器工程验收应在施工单位自检合格的基础上,并经施工单位提出验收申请后组织。同时施工承包单位应提供下列技术文件和施工记录:

(1) 高压电器设备及附件等工程材料的质量证明文件,需要进行复检的材料还要提供检测报告。

(2) 高压电器设备试验报告

(3) 高压电器设备安装调整记录。

4. 验收重点内容

(1) 对工程内在质量有直接影响的重要材料、构(配)件、零部件、设备及附件的材质技术性能要求。

(2) 对安全和使用功能有重大影响的工程性能检测、测试要求,如高压电器设备试验。

(3) 工程实体检查符合设计文件及标准规范的要求。

5. 验收合格判定

(1) 检验批验收，合格标准：

①具有完整的施工操作依据和质量检查记录；

②主控项目经抽样检验，全数符合相关专业工程施工质量验收规范的规定；

③一般项目的质量经抽样检验有80%及以上的检查点符合相关专业工程施工质量验收规范的规定，其余检查点也基本接近相关专业工程施工质量验收规范的规定。

(2) 分项工程合格标准：所含的检验批的质量记录完整且均验收合格。

(3) 分部工程合格标准：控制资料完整、所含分项工程的质量均应验收合格。

第三节 盘柜安装

一、适用范围

适用于中国石油油气田地面建设工程新建、改建、扩建电气装置安装工程中盘柜安装工程监理。

二、监理控制点设置

监理控制点设置见表2-3。

表2-3 监理控制点设置

序号	监理控制点	主要检查方式	检查频次及要求
1	进场材料验收	验收、平行检验	100%检查验收，并按规定与合同约定进行平行检验
2	基础型钢安装	平行检验	主控项目应100%平行检验，一般项目平行检验按合同约定进行
3	接地检查	平行检验	
4	盘、柜安装检查	平行检验	
5	交接试验	旁站	
6	二次回路接线	平行检验	

三、监理要点

1. 进场材料验收

施工单位应在原材料进场后向监理机构报验,经检查验收合格后方可用于工程。

(1) 资料检查。

施工单位填报 GB/T 50319—2013 中表 B.0.6,并按要求提供下列资料:

①产品清单,主要包括产品名称、规格型号、生产厂家、生产批号、数量、自检结果及自检人员单位签章等,进口材料应有国家商检部门出具的商检证明,并作为 GB/T 50319—2013 中表 B.0.6 的附件;

②材料附随的书面文件,如产品说明书、产品合格证、质保书、检测报告等。

(2) 现场盘柜检查。

在报验资料经审查合格后,专业监理工程师应采用平行检验的方式对进场材料实物进行抽检。抽检内容包含但不局限于以下几个方面:

①设备到达工地后,专业监理工程师应参加由建设单位组织的设备开箱检查,并对照设计文件或产品技术规格书协助建设单位完成设备的检查和清点工作。开箱检查铭牌,型号、规格应符合设计文件的要求,设备应无损伤,附件、备件应齐全。

②检查所进场盘、柜等设备材料,其生产批号、规格、型号、材质、数量、质量证明文件、生产厂家等与设计文件和报验资料是否相符。

(3) 不合格品的处理及检验结论。

①不合格品的处理:检验不合格的材料,不予进场,并监督施工单位做好标识和隔离。

②检验结论：材料检验完成后，要及时做出结论。

（4）专业监理工程师对材料进场进行平行检验，应填写"材料进场平行检验记录"（PJ-DQ-CL-11）。

2. 人员、机具检查

（1）专业监理工程师应检查审核施工单位报验的 GB/T 50319—2013 中表 B.0.7，确定特殊工种作业人员资质满足工程施工需求，并根据工程进度现场查验人员到位情况；

（2）专业监理工程师应检查审核施工单位报验的 GB/T 50319—2013 中表 B.0.7，对施工质量和安全有重要影响的机具，专业监理工程师应抽查实物外观核查设备参数及鉴定证书。

3. 基础型钢安装检查

（1）盘柜基础安装后，专业监理工程师检查基础型钢不直度、水平度、位置误差及不平行度的偏差应符合要求。

（2）专业监理工程师检查基础型钢顶部宜高出抹平地面 10mm；手车式成套框应按产品技术要求执行。

（3）专业监理工程师对基础型钢的平行检验，应填写"盘柜安装工程平行检验记录"（PJ-DQ-PG-01）。

4. 盘柜接地

（1）专业监理工程师对盘、柜的金属框架及基础型钢的接地进行检查，应有明显且不少于两点的可靠接地。

（2）专业监理工程师检查成套柜的接地母线是否与主接地网连接可靠。

（3）装有电器的可开启的门应与接地的金属构架可靠连接，专业监理工程师检查连接导线截面应不小于 $4mm^2$ 且端部压接有终端附件的多股软铜导线。

（4）专业监理工程师检查盘、柜柜体接地应牢固可靠，标识应明显。

（5）专业监理工程师应对盘、柜金属框架及基础型钢的接地电阻进行抽查测试。

(6) 对盘柜接地的平行检验，专业监理工程师填写"接地安装工程平行检验记录"（PJ-DQ-JD-01）。

5. 盘、柜安装

(1) 专业监理工程师应在盘、柜安装前首先确认建筑工程应具备下列条件：

①检查屋顶、楼板应施工完毕，不得渗漏；

②检查室内地面施工应基本结束，室内沟道应无积水、杂物；

③检查预埋件及预留孔应符合设计要求；

④检查门窗应安装完毕。

⑤检查对有可能损坏或影响到已安装设备的装饰施工全部结束。

(2) 对有特殊要求的设备，安装前专业监理工程师应检查建筑工程具备下列条件：

①检查所有装饰工作应完毕，应清扫干净。

②检查装有空调或通风装置等设施的建筑工程，其相关设施应安装完毕，并投入运行。

(3) 专业监理工程师检查盘、柜与基础型钢的连接方式是否符合规范要求，应采用螺栓连接，不宜与基础型钢焊死。

(4) 盘、柜单独或成列安装后，专业监理工程师对其垂直度、水拉偏差、盘、柜面偏差和盘、柜间接缝等的允许偏差进行平行检验，应符合规范要求。

(5) 对盘、柜安装进行的平行检验，专业监理工程师应填写"盘柜安装工程平行检验记录"（PJ-DQ-PG-01）。

6. 手车检查

(1) 专业监理工程师检查手车机械闭锁、电气闭锁，动作应准确、可靠，手车的推拉应灵活，无卡阻、碰撞现象，相同型号、规格手车，应能互换。

（2）手车推入工作位置后，专业监理工程师检查动触头顶部与静触头底部间隙，应符合产品技术要求。

（3）专业监理工程师对手车和柜体间的二次回路连接插件进行抽查，接触应良好。

（4）专业监理工程师检查接地触头开断程序是否正确，推入时接地触头先于主触头接触，拉出时接地触头后于主触头断开。

7. 二次回路接线

（1）专业监理工程师对二次回路接线的检查：

①检查施工单位要按图施工，接线正确；

②检查导线与电气元件间采用螺栓连接插接、焊接或压接等，均应牢固可靠，接触良好；

③对接线的外观进行检查，配线应整齐清晰、美观，导线绝缘良好，无损伤；

④检查盘柜内导线不应有接头；

⑤检查回路编号正确、字迹清晰、不易脱落；

⑥检查每个接线端子上的每侧接线宜为1根，不得超过2根。对于插接式端子，不同截面的两根导线不得接在同一端子上。

（2）专业监理工程师对引入盘、柜内的电缆及芯线的检查：

①电缆固定完毕后，专业监理工程师应检查电缆排列要整齐，不交叉，固定应牢靠，端子板不应承受机械应力；

②铠装电缆进入盘柜后，专业监理工程师检查钢带接地要符合要求；

③检查橡胶电缆芯线应外套绝缘导管；

④检查逻辑电路的控制电缆应采用屏蔽电缆，其屏蔽层应按设计要求的方式接地；

⑤检查强、弱电回路，交流回路、直流回路不应使用同一

根电缆,并应分别成束排列。

(3) 导线用于连接门上的电器及控制台、板等可动部位时,专业监理工程师对其连接情况进行检查:

①采用多股铜芯软电线,应检查敷设长度留有适当裕量;

②检查线束有外套塑料缠绕管保护;

③与电器连接时,检查端部应压接终端附件;

④检查可转动部位的两端应固定牢固。

(4) 对二次接线进行的平行检验,专业监理工程师应填写"二次接线工程平行检验记录"(PJ-DQ-ECJX-01)。

8. 盘柜交接试验

(1) 交接试验前,专业监理工程师应检查并确认盘、柜已经全部安装完成;

(2) 检查试验内容应按 GB 50150—2016 的规定进行;

(3) 检查试验试验人员及设备应满足试验要求,并确认试验单位能够出具试验报告;

(4) 专业监理工程师对试验结果进行核查签认;

(5) 试验时监理人员进行旁站,并填写"高压设备试验旁站记录"(PZ-DQ-SY-03)。

四、关键控制点

(1) 检查盘、柜安装用的紧固件是否采用镀锌制品。

(2) 检查盘、柜接地质量。盘、柜基础型钢接地、金属构架接地等都应安装牢固、接触良好。

(3) 检查成套柜的安装质量。其机械闭锁、电气闭锁动作准确、可靠,动、静触头接触紧密、可靠,柜内照明齐全。

(4) 检查二次回路的电气间隙和爬电距离。盘、柜内两导体间,导电体与裸露的不带电的导体间,最小电气间隙及爬电距离应符合表 2-4 的要求。

表2-4 允许最小电气间隙及爬电距离

额定电压 U (V)	电气间隙（mm）		爬电距离（mm）	
	额定工作流 ≤63A	额定工作电流 >63A	额定工作流 ≤63A	额定工作电流 >63A
≤60	3.0	5.0	3.0	5.0
60<U≤300	5.0	6.0	6.0	8.0
300<U≤500	8.0	10.0	10.0	12.0

(5) 盘、柜内应清理干净，保证不存留杂物，在施工单位自检合格后专业监理工程师进行检查。

根据工程性质及现场实际情况，关键控制点不限于上述内容。

五、验收

1. 验收依据

(1) 工程设计文件。

(2) 标准规范：

SY 4200—2007《石油天然气建设工程施工质量验收规范 通则》；

SY 4206—2007《石油天然气建设工程施工质量验收规范 电气工程》；

GB 50171—2012《电气装置安装工程 盘、柜及二次回路接线施工及验收规范》；

GB 50150—2016《电气装置安装工程 电气设备交接试验标准》；

GB 50169—2016《电气装置安装工程 接地装置施工及验收规范》。

(3) 与项目有关的其他文件。

2. 验收组织

盘柜安装工程作为一个分项工程，验收由专业监理工程师或总监理工程师代表组织相关单位人员，共同按设计要求和质量验收规范进行。

3. 验收条件

盘柜安装工程验收应在施工单位自检合格的基础上，并经施工承包单位提出验收申请后组织。同时施工承包单位应提供下列技术文件和施工记录：

(1) 变更设计的证明文件；

(2) 盘柜及相关工程材料的质量证明文件以及备品备件及专用工具等清单；

(3) 制造厂提供的产品技术文件；

(4) 盘柜安装记录；

(5) 交接试验报告；

(6) 接地测试报告。

4. 验收重点内容

(1) 对工程内在质量有直接影响的重要材料、构（配）件、零部件、设备及附件的材质技术性能要求。

(2) 对安全和使用功能有重大影响的工程性能检测、测试要求，如高压盘柜交接试验、连锁调整记录等。

(3) 工程实体检查符合设计文件及标准规范的要求。

5. 验收合格判定

(1) 检验批验收，合格标准：

①具有完整的施工操作依据和质量检查记录；

②主控项目经抽样检验，全数符合相关专业工程施工质量验收规范的规定；

③一般项目的质量经抽样检验有 80% 及以上的检查点符合相关专业工程施工质量验收规范的规定，其余检查点也基本接近相关专业工程施工质量验收规范的规定。

(2) 分项工程合格标准：所含的检验批的质量记录完整且均验收合格。

(3) 分部工程合格标准：控制资料完整、所含分项工程的质量均应验收合格。

第四节 接地装置

一、适用范围

适用于中国石油油气田地面建设工程新建、改建、扩建电气装置安装工程中接地安装工程监理。

二、监理控制点设置

监理控制点设置见表2-5。

表2-5 监理控制点设置

序号	监理控制点	主要检查方式	检查频次及要求
1	进场材料验收	验收、平行检验	100%检查验收，并按规定与合同约定进行平行检验
2	接地沟检查	平行检验	主控项目应100%平行检验，一般项目平行检验按合同约定进行
3	接地装置敷设	平行检验	
4	焊接、防腐检查	平行检验	
5	独立避雷针安装	平行检验	
6	接地电阻测试	平行检验	

三、监理要点

1. 进场材料验收

施工单位应在原材料进场后向监理机构报验，经检查验收合格后方可用于工程。

(1) 资料检查：

施工单位填报 GB/T 50319—2013 中表 B.0.6，并按要求提供下列资料：

①产品清单，主要包括产品名称、规格型号、生产厂家、生产批号、数量、自检结果及自检人员单位签章等，进口材料应有国家商检部门出具的商检证明，并作为 GB/T 50319—2013 中表 B.0.6 的附件；

②材料附随的书面文件，如产品说明书、产品合格证、质保书、检测报告等。

(2) 现场接地材料检查：

在报验资料经审查合格后，专业监理工程师应采用平行检验的方式对进场材料实物进行抽检。抽检内容包含但不局限于以下几个方面：

①检查所进场接地极、接地线等材料，其生产批号、规格、型号、材质、数量、质量证明文件、生产厂家等与设计文件和报验资料是否相符。

②采用新技术、新工艺及新材料时，应经过试验及具有国家资质的验证评定。

(3) 不合格品的处理及检验结论。

①不合格品的处理：检验不合格的材料，不予进场，并监督施工单位做好标识和隔离。

②检验结论：材料检验完成后，要及时做出结论。

(4) 专业监理工程师对材料进场进行平行检验，应填写"材料平行检验记录"（PJ-DQ-CL-11）。

2. 人员、机具检查

(1) 专业监理工程师应检查审核施工单位报验的 GB/T 50319—2013 中表 B.0.7 中作业人员、确定特殊工种作业人员资质满足工程施工需求，并根据工程进度现场查验人员到位情况。

（2）专业监理工程师应检查审核施工单位报验的 GB/T 50319—2013 中表 B.0.7，对施工质量和安全由重要影响的机具，专业监理工程师应抽查实物外观核查设备参数及鉴定证书。

3. 接地沟检查

（1）接地沟开挖完成后，专业监理工程师应其深度、长度、位置进行检查。

（2）接地沟回填过程中，专业监理工程师应检查回填土中不应夹有石块和建筑垃圾；外取的土壤不应对接地极（线）有较强的腐蚀性；在回填过程中是否分层夯实。

（3）对接地沟开挖进行的平行检验，专业监理工程师应填写"接地安装工程平行检验记录"（PJ-DQ-JD-01）。

4. 接地装置敷设

（1）专业监理工程师检查接地体引出线的垂直部分和焊接部位应进行防腐处理。

（2）在易发生机械损伤和化学腐蚀处，专业监理工程师检查敷设的接地线应有保护措施。

（3）接地线明敷时，专业监理工程师检查外观，接地线应平直牢固，固定间距应符合 GB 50169—2016 的规定。

（4）跨越建筑物伸缩缝、沉降缝时，专业监理工程师应检查是否采取了补偿措施。

（5）倾斜地形应沿等高线敷设，设计为环形时，专业监理工程师应检查其安装是否保持环形。

（6）专业监理工程师现场测量接地体顶面埋设深度应符合设计规定，当无规定时，不宜小于 0.6m。

（7）专业监理工程师测量接地体与建筑物间距不应小于 1.5m。

（8）接地安装时，专业监理工程师检查垂直接地体间距与其长度的比值不应小于 2，当设计无规定时，水平接地体间距不应小于 5m。

(9) 对接地装置敷设进行的平行检验，专业监理工程师应填写"接地安装工程平行检验记录"（PJ-DQ-JD-01）。

5. 焊接、防腐要求

（1）专业监理工程师检查特种作业人员资质。焊接作业人员应通过现行 TSG Z6002—2010《特种设备焊接操作人员考核细则》规定的相应考试科目，同时已经取得相关单位颁发的资质证书。

（2）施工单位应将焊接所用设备填报 GB/T 50319—2013 中表 B.0.7 向专业监理工程师申请报验，经专业监理工程师签认并同意后方可进行施工。

（3）专业监理工程师检查接地极、接地线材质、规格、型号应符合设计要求。

（4）专业监理工程师检查接地体（线）连接的焊接质量，其焊接应连续、饱满，无裂纹及咬肉等缺陷。

（5）专业监理工程师检查接至电气设备上的接地线，连接方式应符合设计文件及标准规范的要求。

（6）接地体（线）的焊接采用搭接焊时，专业监理工程师应检查其搭接长度应符合要求。

（7）接地极（线）的连接工艺采用放热焊接时，专业监理工程师应检查其焊接接头，必须符合下列规定：

①检查被连接的导体截面应完全包裹在接头内；
②检查接头的表面应平滑；
③检查被连接的导体接头表面应完全熔合；
④检查接头应无贯穿性的气孔。

（8）热镀锌钢材焊接时将破坏热镀锌防腐，专业监理工程师对焊接处防腐进行抽查，并符合规范要求。

（9）专业监理工程师对接地焊接、防腐的平行检验，填写"接地安装工程平行检验记录"（PJ-DQ-JD-01）。

6. 避雷针（带、网）安装检查

（1）避雷针（带、网）安装时，专业监理工程师检查其安装位置及高度应符合设计文件及标准规范要求。

（2）专业监理工程师检查其外观应平直、牢固，支件间距均匀一致。

（3）专业监理工程师检查避雷针（带、网）的连接质量，防雷引线应采用焊接连接，与接地装置连接应用镀锌螺栓连接。

（4）独有避雷针安装完毕后，专业监理工程师进行垂直度检查，每米偏差不应大于3mm，全长偏差不应大于顶节直径。

（5）专业监理工程师测量独立避雷针及其接地装置与道路或建筑物的出入口及接地网的距离应大于3m。

（6）避雷针（网、带）及其接地装置施工时，专业监理工程师监督施工方应采取自下而上的施工程序。首先安装集中接地装置，后安装引下线，最后安装接闪器。

（7）对独立避雷针安装进行的平行检验，专业监理工程师应填写"接地安装工程平行检验记录"（PJ-DQ-JD-01）。

7. 接地沟回填

（1）接地极接地母线安装完毕，回填前，专业监理工程师应进行接地的隐蔽工程验收。

①专业监理工程师在收到施工单位填写的"隐蔽工程验收报审表"后应到场验收；

②检查接地埋深符合设计文件及标准规范的要求；

③检查焊接部位防腐应全部完成并合格；

④检查特殊区域的降阻剂等措施应符合设计文件及标准规范的要求；

⑤专业监理工程师对接地安装的隐蔽工程检查验收的结果进行签认。

（2）专业监理工程师在隐蔽工程验收合格后允许回填，接地沟回填检查施工方宜选取未掺有石块及其他杂物的泥土进行，并应分层夯实。在回填后检查沟面宜有防沉层，其高度宜为100~300mm。

8. 接地电阻测试

（1）专业监理工程师应对施工单位使用的接地电阻测试仪表进行检验，确认已经检定，并在有效期内。

（2）接地电阻测试完成后，专业监理工程师对施工单位填写的"接地电阻测试记录"进行签认。

（3）当接地电阻值在不能满足设计要求时，专业监理工程师应及时通知建设单位有关负责人，由原设计单位提出措施，施工单位根据经设计单位签认的解决方案进行整改后再经检测，直至符合要求为止。

（4）专业监理工程师对接地电阻进行的平行检验，应填写"接地安装工程平行检验记录"（PJ-DQ-JD-01）。

四、关键控制点

1. 接地电阻测试条件

接地装置的特性参数大都与土壤的潮湿程度密切相关，因此专业监理工程师检查接地电阻的测试应尽量在干燥季节和土壤未冻结时进行；不应在雷、雨、雪中或雨、雪后立即进行。

2. 避雷针（网、带）及其接地装置施工顺序

避雷针（网、带）及其接地装置施工中存在地上防雷装置已安装完，而地下接地装置还未施工的情况。为保证人身、设备及建筑物的安全，专业监理工程师应监督施工时采取自下而上的施工程序。

3. 电气装置的金属部分均必须接地的情况

（1）电气设备的金属底座、框架及外壳和传动装置。

（2）携带式或移动式用电器具的金属底座和外壳。

（3）箱式变电站的金属箱体。

（4）互感器的二次绕组。

（5）配电、控制、保护用的屏（柜、箱）及操作台的金属框架和底座。

（6）电力电缆的金属护层、接头盒、终端头和金属保护管及二次电缆的屏蔽层。

（7）电缆桥架、支架和井架。

（8）变电站（换流站）构、支架。

（9）装有架空地线或电气设备的电力线路杆塔

（10）配电装置的金属遮挡。

（11）电热设备的金属外壳。

据工程性质及现场实际情况，关键控制点不限于上述内容。

五、验收

1. 验收依据

（1）工程设计文件。

（2）标准规范：

SY 4200—2007《石油天然气建设工程施工质量验收规范 通则》；

SY 4206—2007《石油天然气建设工程施工质量验收规范 电气工程》

GB 50169—2016《电气装置安装工程 接地装置施工及验收规范》；

GB 50150—2016《电气装置安装工程 电气设备交接试验标准》。

（3）与项目有关的其他文件。

2. 验收组织

接地安装工程作为一个分项工程，验收由专业监理工程师或总监理工程师代表组织相关单位人员，共同按设计要求和质量验收规范进行。

3. 验收条件

接地装置安装工程验收应在施工单位自检合格的基础上，并经施工承包单位提出验收申请后组织。同时施工承包单位应提供下列技术文件和施工记录：

（1）设计变更文件；

（2）接地材料、降阻材料及新型接地装置检测报告及质量合格证明；

（3）隐蔽检查记录；

（4）接地装置安装记录；

（5）接地测试记录。

4. 验收重点内容

（1）对工程内在质量有直接影响的重要材料、构（配）件、零部件、设备及附件的材质技术性能要求。

（2）对安全和使用功能有重大影响的工程性能检测、测试要求，如接地电阻测试记录。

（3）工程实体检查符合设计文件及标准规范的要求。

5. 验收合格判定

（1）检验批验收，合格标准：

①具有完整的施工操作依据和质量检查记录；

②主控项目经抽样检验，全数符合相关专业工程施工质量验收规范的规定；

③一般项目的质量经抽样检验有80%及以上的检查点符合相关专业工程施工质量验收规范的规定，其余检查点也基本接近相关专业工程施工质量验收规范的规定。

（2）分项工程合格标准：所含的检验批的质量记录完整且均验收合格。

（3）分部工程合格标准：控制资料完整、所含分项工程的质量均应验收合格。

第五节 防爆电气

一、适用范围

适用于中国石油油气田地面建设工程新建、改建、扩建电气装置安装工程中防爆电气安装工程监理。

二、监理控制点设置

监理控制点设置见表2-6。

表2-6 监理控制点设置

序号	监理控制点	主要检查方式	检查频次及要求
1	进场材料验收	验收、平行检验	100%检查验收,并按规定与合同约定进行平行检验
2	钢管配线	平行检验	主控项目应100%平行检验,一般项目平行检验按合同约定进行
3	电缆线路	平行检验	
4	接地安装	平行检验	
5	电缆引入装置	平行检验	

三、监理要点

1. 进场材料验收

施工单位应在原材料进场后向监理机构报验,经检查验收合格后方可用于工程。

(1) 资料检查。

施工单位填报 GB/T 50319—2013 中表 B.0.6,并按要求提供下列资料:

①产品清单,主要包括产品名称、规格型号、生产厂家、生产批号、数量、自检结果及自检人员单位签章等,进口材料应有国家商检部门出具的商检证明,并作为 GB/T 50319—2013

中表 B.0.6 的附件；

②设备材料附随的书面文件，如产品说明书、产品合格证、质保书、检测报告等。

（2）现场防爆电气设备检查。

在报验资料经审查合格后，专业监理工程师应采用平行检验的方式对进场材料实物进行抽检。抽检内容包含但不局限于以下几个方面：

①包装及密封应良好；

②开箱检查清点，其型号、规格和防爆标志，应符合设计要求，附件、配件、备件应完好齐全；

③产品的技术文件应齐全；

④防爆电气设备的铭牌中，应标有国家检验单位颁发的"防爆合格证号"；

⑤设备外观检查应无损伤、无腐蚀、无受潮。

（3）不合格品的处理及检验结论：

①不合格品的处理：检验不合格的材料，不予进场，并监督施工单位做好标识和隔离。

②检验结论：材料检验完成后，要及时做出结论。

（4）专业监理工程师对材料进场进行平行检验，应填写"材料平行检验记录"（PJ-DQ-CL-11）。

2. 人员、机具检查

（1）专业监理工程师应检查审核施工单位报验的 GB/T 50319—2013 中表 B.0.7 作业人员、确定特殊工种作业人员资质满足工程施工需求，并根据工程进度现场查验人员到位情况；

（2）专业监理工程师应检查审核施工单位报验的 GB/T 50319—2013 中表 B.0.7，对施工质量和安全由重要影响的机具，专业监理工程师应抽查实物外观核查设备参数及鉴定证书。

3. 钢管配线

（1）专业监理工程师检查配线管保护管材质，均应采用镀锌焊接钢管，并且加工时切割应采用机械方式，严禁气焊切割。

（2）钢管配线施工过程中，专业监理工程师检查钢管与钢管、钢管与电气设备、钢管与钢管附件之间连接方式是否符合 GB 50257—2014《电气装置安装工程 爆炸和火灾危险环境电气装置施工及验收规范》要求。管路之间不得采用倒扣连接，当连接有困难时应采用防爆活接头，其接合面应贴合严密。

（3）在爆炸性环境各区域内的钢管配线，应做好隔离密封，专业监理工程师应对隔离密封的质量进行抽查，并应符合 GB 50257—2014 的要求。

（4）专业监理工程师检查电缆保护管安装外观质量，排列应整齐，横平竖直，固定固牢，并列敷设时管口应高度应一致，螺纹连接处涂以电力复合脂或导电性防锈脂。

4. 电缆线路

（1）专业监理工程师检查防爆区域内电缆是否接头，如果有是否符合设计文件及规范的要求。

（2）专业监理工程师检查电缆线路穿过不同危险区域时，是否采用了专用的设备材料进行严格有效的封堵。

（3）专业监理工程师检查爆炸危险环境内采用的低压电线和绝缘导线，其额定电压必须高于线路的工作电压，且不得低于500V，绝缘导线必须敷设于钢管内。电气工作中性线绝缘层的额定电压，必须与相线电压相同，并必须在同一护套或钢管内敷设。

（4）防爆区域电缆线路施工完成后，专业监理工程师检查电缆孔洞封堵，应严密，无明显的裂缝和孔隙。

5. 接地安装

（1）专业监理工程师检查防爆区域内电气设备的金属外壳、金属构架、金属配线管及其配件、电缆保护管、电缆的金属护套等非带电的裸露金属部分均应接地。

（2）在爆炸性气体环境 1 区内所有的电气设备以及爆炸性气体环境 2 区内除照明灯具以外的其他电气设备，专业监理工程师检查是否采用了专用的接地线，该专用接地线若与相线敷设在同一保护管内时，应具有与相线相等的绝缘。

（3）专业监理工程师检查爆炸危险环境内的电气设备与接地线的连接线，宜采用多股软绞线，其铜线最小截面面积不得小于 $4mm^2$，易受机械损伤的部位应装设保护管。

（4）专业监理工程师检查爆炸危险环境内接地或接零用的螺栓，均应按规范要求加装防松装置，接地线紧固前，其接地端子及紧固件均应涂电力复合脂。

（5）专业监理工程师检查从非防爆区域引入防爆区域的金属管道、配线钢管、铠装电缆及金属外壳，均应按规范要求在防爆区域进口处接地。

（6）容量为 $50m^3$ 及以上的储罐，专业监理工程师应检查其接地点不应少于两处，且接地点的间距不应大于 30m，并应在罐体底部周围对称与接地体连接，接地体应连接成环形的闭合回路。

（7）爆炸危险区内的非金属构架上平行安装的金属管道，专业监理工程师检查静电跨接应符合要求。

（8）专业监理工程师对防爆区域内的接地安装进行的平行检验，填写"防爆电气安装工程平行检验记录"（PJ-DQ-FB-01）。

6. 电缆引入装置

（1）安装前，专业监理工程师应检查爆炸、火灾危险环境使用的电缆引入装置，其规格、型号应符合设计要求。

（2）专业监理工程师检查电缆外护套穿过弹性密封圈或密封填料时，电缆应被弹性密封圈挤紧或被密封填料封固。

（3）外径不小于 20mm 的电缆施工时，专业监理工程师监督检查隔离密封处组装防止电缆拔脱的组件安装时，应监督施工方在电缆被拧紧或封固后，再拧紧固定电缆的螺栓。

(4) 专业监理工程师检查电缆引入装置或设备进线口的密封进的弹性密封圈的一个孔，应只能密封一根电缆，被密封的电缆断面，应近似圆形。

(5) 专业监理工程师检查电缆引入装置或设备进线口的密封进的弹性密封圈及金属垫应与电缆的外径匹配，其密封圈内径与电缆外径允许差值为±1mm，弹性密封圈压紧后，应将电缆沿圆周均匀挤紧。

(6) 在防爆区域使用填料函时，专业监理工程师检查填料函的选用规格应合适，施工后电缆的金属防护层与填料函之间应压紧。

(7) 防爆电气安装的平行检验，专业监理工程师应填写"防爆电气安装工程平行检验记录"（PJ-DQ-FB-01）。

四、关键控制点

1. 防爆电气设备电气间隙

防爆电气设备接线盒内部接线紧固后，专业监理工程师要抽查裸露带电部分之间及与金属外壳之间的电气间隙和爬电距离应符合规范的规定。

2. 防爆场所隔离密封

专业监理工程师应对隔离密封的制作按照 GB 50257—2014 的要求进行检查，并符合下列要求：

(1) 隔离密封件的内壁，应无锈蚀、灰尘、油渍。

(2) 导线在密封件内不得有接头，且导线之间及与密封件壁之间的距离应均匀。

(3) 管路通过墙、楼板或地面时，密封件与墙面、楼板或地面的距离不应超过 300mm，且此段管路中不得有接头，并应将孔洞堵塞严密。

(4) 密封件内必须填充水凝性粉剂密封填料。

(5) 粉剂密封填料的包装必须密封。密封填料的配制应符合产品的技术规定，浇灌时间严禁超过其初凝时间，并应一次灌足。凝固后其表面应无龟裂。排水式隔离密封件填充后的表面应光滑，并可自行排水。

3. 防爆区域电缆（线）接线

当电缆或导线的终端连接时，电缆内部导线如果为绞线，专业监理工程师检查其终端应采用定型端子或接线鼻子进行连接；铝芯绝缘导线或电缆连接时与封端采用压接、熔接或钎焊，当与设备（照明灯具除外）连接时，应采用铜—铝过渡接头。

根据工程性质及现场实际情况，关键控制点不限于上述内容。

五、验收

1. 验收依据

（1）工程设计文件。

（2）标准规范：

SY 4200—2007《石油天然气建设工程施工质量验收规范 通则》；

SY 4206—2007《石油天然气建设工程施工质量验收规范 电气工程》；

GB 50257—2014《电气装置安装工程 爆炸和火灾危险环境电气装置施工及验收规范》；

GB 50168—2006《电气装置安装工程 电缆线路施工及验收规范》；

GB 50150—2016《电气装置安装工程 电气设备交接试验标准》；

GB 50169—2016《电气装置安装工程 接地装置施工及验收规范》。

（3）与项目有关的其他文件。

2. 验收组织

防爆电气安装工程作为一个重点检查项目，工程涉及的电缆敷设、管配线、接地安装等分项工程均应验收合格，验收由专业监理工程师或总监理工程师代表组织相关单位人员，共同按设计要求和质量验收规范进行。

3. 验收条件

防爆电气安装工程验收应在施工单位自检合格的基础上，并经施工承包单位提出验收申请后组织。同时施工承包单位应提供下列技术文件和施工记录：

（1）设计变更文件；

（2）防爆电气设备、电缆、绝缘导线、接地极、接地线及相关工程材料的质量证明文件；

（3）制造厂提供的产品使用说明书、试验记录及安装图纸等技术文件；

（4）交接试验报告；

（5）隐蔽检查记录。

4. 验收重点内容

（1）对工程内在质量有直接影响的重要材料、构（配）件、零部件、设备及附件的材质技术性能要求。

（2）对安全和使用功能有重大影响的工程性能检测、测试要求，如防爆检测证明文件。

（3）工程实体检查符合设计文件及标准规范的要求。

5. 验收合格判定

（1）检验批验收，合格标准：

①具有完整的施工操作依据和质量检查记录；

②主控项目经抽样检验，全数符合相关专业工程施工质量验收规范的规定；

③一般项目的质量经抽样检验有80%及以上的检查点符合相关专业工程施工质量验收规范的规定，其余检查点也基本接

近相关专业工程施工质量验收规范的规定。

（2）分项工程合格标准：所含的检验批的质量记录完整且均验收合格。

（3）分部工程合格标准：控制资料完整、所含分项工程的质量均应验收合格。

第三章 架空电力线路工程标准化监理

第一节 杆塔基础

一、适用范围

适用于中国石油油气田地面建设工程新建、改建、扩建架空电力线路安装中杆塔基础工程监理。

二、监理控制点设置

监理控制点设置见表3-1。

表3-1 监理控制点装置

序号	监理控制点	主要检查方式	检查频次及要求
1	材料进场验收	验收、平行检验	100%检查验收,并按规定与合同约定进行平行检验
2	施工测量	平行检验	主控项目应100%平行检验,一般项目平行检验按合同约定进行
3	土石方	平行检验	
4	现场浇筑基础	平行检验	
5	混凝土电杆及装配式预制基础	平行检验	
6	岩石基础	平行检验	

三、监理要点

1. 进场材料验收

施工单位应在原材料进场后向监理机构报验,经检查验收合格后方可用于工程。

(1) 资料检查。

施工单位填报 GB/T 50319—2013 中表 B.0.6,并按要求提供下列资料:

①产品清单,主要包括产品名称、规格型号、生产厂家、生产批号、数量、自检结果及自检人员单位签章等,并作为 GB/T 50319—2013 中表 B.0.6 的附件;

②材料附随的书面文件,如产品说明书、产品合格证、质保书、检测报告等。

(2) 抽检送检及现场试验:

如材料需要进行抽检或试验,监理人员应对抽检送检或试验过程进行监督检查,对检测或试验结果进行核查确认。

(3) 现场材料检查。

在报验资料经审查合格后,专业监理工程师应采用平行检验的方式对进场材料实物进行抽检。抽检内容包含但不局限于以下几个方面:检查所进场材料,其生产批号、规格、型号、材质、数量、质量证明文件、生产厂家等与报验资料是否相符。

(4) 不合格品的处理及检验结论。

①不合格品的处理:检验不合格的材料,严禁用于工程,并要求施工单位限期将其撤出施工现场。

②检验结论:材料检验完成后,要及时做出检验结论。

(5) 材料进场平行检验完成后,监理人员应填写"材料进场平行检验记录"(PJ-JKXL-CL-01)。

2. 人员机具检查

(1) 专业监理工程师应检查审核施工单位报验的 GB/T

50319—2013 中表 B.0.7，确定特殊工种作业人员资质满足工程施工需求，并根据工程进度现场查验人员到位情况；

（2）专业监理工程师应检查审核施工单位报验的 GB/T 50319—2013 中表 B.0.7，对施工质量和安全有重要影响的机具，监理工程师应抽查实物外观核查设备参数及鉴定证书。

3. 施工测量

在施工测量时，专业监理工程师监督检查施工测量定位时的中心桩位置正确、牢固，分坑时要根据杆塔中心桩位置钉出辅助桩。

4. 土石方工程

（1）基础坑开挖。

塔基础坑开挖前，专业监理工程师审查开挖方案，并检查落实情况，基面开挖后应平整，边坡有防止坍塌措施。开挖时基面要以设计为准，较大基础应按不同的地质条件放坡。

杆塔基础坑开挖完成后，专业监理工程师对杆塔基础坑测量偏差进行平行检验。

①查杆塔基础坑的深度，其允许偏差为-50~100mm，坑底应平整；

②检查110kV及以上架空电力线路杆塔基础坑深时，如果偏差大于100mm，专业监理工程师要应按 GB 50233—2014 的有关规定要求施工承包单位进行处理；

③检查拉线基础坑深不应有负偏差，当坑深超深后对拉线基础的安装位置与方向有影响时，专业监理工程师应要求施工承包单位对超深部分填土并夯实；

④对同基杆塔基坑检查时，深度测量应一致，并按按照最深深度操平。根开的中心偏差为±30mm。

（2）专业监理工程师对岩石基坑的检查。

①岩石基础坑开挖时，检查岩石基坑开挖位置不应破坏岩石构造的整体性；

②岩石基础开挖机钻孔完成后,检查测量坑深不应小于设计深度;

③在软质岩成孔后,在检查合格后,应要求施工承包单位立即安装锚筋或地脚螺栓,并浇筑混凝土;

④现场浇筑混凝土前,应检查坑内石粉、浮土及坑壁松散活石应清除干净;

⑤混凝土浇筑时,监理人员应对浇筑过程进行旁站监理,填写"混凝土浇筑旁站记录"(PZ-JKXL-JZ-01)。

在进行旁站监理时,监理人员应开展以下工作:检查施工单位现场质检员到位及履职情况;检查振捣设备到位及完好情况;检查施工单位技术交底情况;检查混凝土强度等级、抗渗性能等是否符合设计要求;检查现场拌制混凝土是否按照配比单严格进行计量;检查混凝土坍落度、入模温度;检查混凝土振捣情况、试块留置情况;检查施工过程中钢筋是否位移、模板有无变形;检查浇筑完成后的养护情况等。

(3)专业监理工程师对基坑回填的检查:

①在基础坑或拉线坑回填时,要监督施工单位,每回填300mm夯实一次;

②在回填后,应检查坑口地面要筑防沉台,杆塔及拉线坑防沉台的上部面积不应小于坑口,其高度宜为300~500mm;

③石坑回填时,专业监理工程师监督检查施工承包单位应将石子与土按3:1掺和后分层回填夯实;

④积水坑回填时,监督检查施工承包单位应先排除积水,回填干土,并分层夯实。对不宜夯实的基坑应采取措施加固。

(4)专业监理工程师对土石方工程进行的平行检验,并填写"土石方工程平行检验记录"(PJ-JKXL-GTJC-01)。

5. 现场浇筑基础施工

(1)专业监理工程师检查现场浇筑基础质量:

①混凝土浇筑前,应检查模板、绑筋安装质量,合格后允

许下步施工；

②地脚螺栓及预埋件安装后，检查地脚螺栓及预埋件安装牢固，位置、角度正确，安装前应去除浮锈，螺纹部分要予以保护；

③混凝土浇筑时，监理人员应对浇筑过程进行旁站监理，填写"混凝土浇筑旁站记录"（PZ-JKXL-JZ-01）

④基础浇筑后，检查基础的养护及试块制作应符合规范规定，基础拆模时外观检查要合格；

⑤检查铁塔、拉线基础尺寸，实测偏差尺寸应在误差范围内。

（2）专业监理工程师检查地脚螺栓及预埋件：

①地脚螺栓及预埋件在基础钢筋固定后，应检查其安装牢固、正确，无遗漏；螺栓应与基础面垂直；

②地脚螺栓预埋后，检查螺栓螺纹应完好；螺栓长度应符合设计要求，并涂防锈剂保护；

③对地脚螺栓及预埋件质量进行平行检验，填写"现场浇筑基础工程平行检验记录"（PJ-JKXL-GTJC-02）。

（3）专业监理工程师检查基础填土夯实后质量。

①基础拆模后，检查表面合格后应要求施工承包单位立即回填，并对基础外露部位加覆盖物，应按规定继续浇水养护；

②基础拆模回填后，专业监理工程师要同施工承包单位一起对塔基础偏差复核，其偏差满足规范要求。

（4）专业监理工程师对现场浇筑基础质量检查的平行检验，填写"现场浇筑基础工程平行检验记录"（PJ-JKXL-GTJC-02）。

6. 混凝土电杆及装配式预制基础施工

（1）专业监理工程师检查装配式预制基础：

①装配式预制基础安装前，检查表面应平整，无蜂窝、露筋、纵向裂缝等缺陷；

②装配式预制基础安装后，检查装配式预制基础底座与立

柱连接的螺栓、铁件及找平用的垫铁，应采取有效的防锈措施；

③检查立柱找平时，应检查垫铁宜用热浸镀锌材料，每处不得超过两块，总厚度不得超过5mm。调平后测量立柱倾斜不应超过立柱高的1%。

（2）专业监理工程师检查底盘与枕条安装：

①在基坑验收合格后进行底盘安装，底盘安装后，检查位置应安装正确，深度满足电杆埋深要求；

②钢筋混凝土枕条框架安装时，检查底座安装应平整，四周回填砂土并夯实；在监督枕条、底座等安装时，监督施工方不得敲打和强力组装，立柱倾斜时宜采用热镀锌垫铁调平，调平垫铁每处不应超过两块。

（3）专业监理工程师检查拉线盘、卡盘安装：

①混凝土电杆的卡盘安装前，检查其下部的回填土应分层夯实，安装位置与方向应符合设计文件及标准规范的规定；

②卡盘安装时，检查卡盘抱箍的螺母要紧固，卡盘弧面与电杆接触处应紧密；

③拉线盘埋设后，检查拉线盘埋设的位置和方向应符合设计要求。

（4）专业监理工程师对混凝土电杆及装配式预制基础施工的平行检验，填写"装配式预制基础工程平行检验记录"（PJ-JKXL-GTJC-03）。

7. 岩石基础施工

（1）专业监理工程师检查混凝土或砂浆的浇筑：

①混凝土或砂浆浇筑前，应检查所用混凝土或砂浆标号满足设计要求；

②混凝土浇筑时，监理人员应对浇筑过程进行旁站监理，填写"混凝土浇筑旁站记录"（PZ-JKXL-JZ-01）；

③浇筑完成后，专业监理工程师应检查基础养护要符合GB 50233—2014的规定。

（2）专业监理工程师检查钢筋或地脚螺栓安装：

①钢筋或地脚螺栓安装后，要检查其安装应正确、牢固、无遗漏；

②检查埋设深度不应小于设计值；

③检查螺栓螺纹应完好无损，锚筋应有加固端头；

④对钢筋或地脚螺栓安装检查的平行检验，填写"岩石基础工程平行检验记录"（PJ-JKXL-GTJC-04）。

（3）专业监理工程师检查岩石基础成孔。

①岩石基础成孔后，检查基础成孔深度不应小于设计值；

②钻孔式的孔径检查时，应测量其孔径允许偏差为+20mm；

③嵌固式（坛式）检查时，测量其孔径应大于设计值且应保证设计锥度。

（4）对岩石基础的平行检验，填写"岩石基础工程平行检验记录"（PJ-JKXL-GTJC-04）。

四、关键控制点

1. 杆塔基础辅助桩设置

杆塔基础辅助桩在施工过程中经常因基础开挖、混凝土浇筑等原因造成杆塔基础中心桩的破坏，专业监理工程师在监督过程中要检查施工承包单位钉立的辅助桩，其位置正确，能够恢复塔位中心桩。

2. 基础强度

在施工过程中，专业监理工程师要检查铁塔组立及架线施工时的基础强度要满足设计文件及标准规范的要求。

3. 拉线盘埋设

专业监理工程师要检查沿拉线方向的左、右偏差不应超过拉线盘中心至相对应电杆中心水平距离的1%；沿拉线安装方向，其前后允许位移值，当拉线安装后其对地夹角值与设计值之差不应超过1°，个别特殊地形需超过1°时应由设计提出具体规定；检查 X 形拉线的拉线盘安装位置，应满足拉线交叉处不得相磨碰的要求。

4. 岩石基础控制

岩石基础施工时，专业监理工程师应测量岩石基础不得有负偏差。在基础施工时应逐基逐腿与设计地质资料核对，当实际情况与设计不符时，专业监理工程师通知总监暂停施工，并由设计单位提出处理方案。

根据工程性质及现场实际情况，关键控制点不限于上述内容。

五、验收

1. 验收依据

（1）工程设计文件。

（2）标准规范：

SY 4200—2007《石油天然气建设工程施工质量验收规范通则》；

SY 4206—2007《石油天然气建设工程施工质量验收规范电气工程》。

（3）与项目有关的其他文件。

2. 验收组织

杆塔基础工程作为一个分项工程，验收由专业监理工程师或总监理工程师代表组织相关单位人员，共同按设计要求和质量验收规范进行。

3. 验收条件

在施工单位自检合格的基础上，并经施工承包单位提出验收申请后组织。同时施工承包单位应提供下列技术文件和施工记录：

（1）混凝土基础施工记录；

（2）工程定位测量记录；

(3) 强度试验报告；
(4) 土石方工程检验批质量验收记录；
(5) 现场浇筑基础工程检验批质量验收记录；
(6) 装配式预制基础工程检验批质量验收记录；
(7) 岩石基础工程检验批质量验收记录。

4. 验收重点内容

(1) 对工程内在质量有直接影响的重要材料、构（配）件、零部件、设备及附件的材质技术性能要求。

(2) 对安全和使用功能有重大影响的工程性能检测、测试要求，如混凝土试块强度试验报告。

(3) 土石方工程验收主要内容包括基坑回填质量，基础定位等。

(4) 现场浇筑混凝土工程验收主要内容包括基础所浇筑的混凝土强度、基础最终位置、角度符合设计文件要求、基础外观验收。

(5) 装配式预制基础工程验收主要内容包括基础材料验收、基础最终位置和角度符合设计文件要求、基础安装质量等。

(6) 岩石基础工程验收主要内容包括岩石基础所浇筑的混凝土或砂浆材料、基础最终位置、角度符合设计文件要求、基础外观验收。

5. 验收合格判定：

(1) 检验批验收，合格标准：

①具有完整的施工操作依据和质量检查记录；

②主控项目经抽样检验，全数符合相关专业工程施工质量验收规范的规定；

③一般项目的质量经抽样检验有80%及以上的检查点符合相关专业工程施工质量验收规范的规定，其余检查点也基本接近相关专业工程施工质量验收规范的规定。

(2) 分项工程合格标准：所含的检验批的质量记录完整且

均验收合格。

（3）分部工程合格标准：控制资料完整、所含分项工程的质量均应验收合格。

第二节 杆塔组立

一、适用范围

适用于中国石油油气田地面建设工程新建、改建、扩建架空电力线路安装中杆塔工程监理。

二、监理控制点设置

监理控制点设置见表3-2。

表3-2 监理控制点设置

序号	监理控制点	主要检查方式	检查频次及要求
1	进场材料验收	平行检验	100%检查验收，并按规定与合同约定进行平行检验
2	杆塔及各部件安装	平行检验	主控项目应100%平行检验，一般项目平行检验按合同约定进行
3	混凝土电杆	平行检验	
4	用螺栓连接构件	平行检验	

三、监理要点

1. 材料进场验收

施工单位应在原材料进场后向监理机构报验，经检查验收合格后方可用于工程。

（1）资料检查。

施工单位填报GB/T 50319—2013中表B.0.6，并按要求提供下列资料：

①产品清单，主要包括产品名称、规格型号、生产厂家、生产批号、数量、自检结果及自检人员单位签章等，并作为 GB/T 50319—2013 中表 B.0.6 的附件；

②杆塔及附件附随的书面文件，如产品说明书、产品合格证、质保书、检测报告等。

（2）抽检送检及试验：

如材料需要进行抽检或试验，监理人员应对抽检送检或试验过程进行监督检查，对检测或试验结果进行核查确认。

（3）现场材料检查。

在报验资料经审查合格后，专业监理工程师应采用平行检验的方式对进场材料实物进行抽检。抽检内容包含但不局限于以下几个方面：

①检查进场杆塔及附件，其生产批号、规格、型号、材质、数量、质量证明文件、生产厂家等与设计文件和报验资料是否相符；

②现场材料镀锌层完好，无锈蚀。

（4）不合格品的处理及检验结论。

①不合格品的处理：检验不合格的材料，严禁用于工程，并要求施工单位限期将其撤出施工现场；

②检验结论：材料检验完成后，要及时做出检验结论。

（5）材料进场平行检验完成后，监理人员应填写"材料进场平行检验记录"（PJ-JKXL-CL-01）。

2. 人员、机具检查

（1）专业监理工程师应检查审核施工单位报验的 GB/T 50319—2013 中表 B.0.7，确定特殊工种作业人员资质满足工程施工需求，并根据工程进度现场查验人员到位情况。

（2）专业监理工程师应检查审核施工单位报验的 GB/T 50319—2013 中表 B.0.7，对施工质量和安全有重要影响的机具，监理工程师应抽查实物外观核查设备参数及鉴定证书。

3. 杆塔及各部件安装

（1）杆塔组立前，专业监理工程师应审查并签认施工单位编制的施工技术文件。

（2）杆塔组立前，专业监理工程师应检查并确认杆塔及附件已经进行了材料进场验收。

（3）专业监理工程师对杆塔及各部件安装情况进行检查：组装应紧密牢固；方向位置应正确；有空隙交叉处，应加相应厚度垫片。

（4）杆塔组立及架线后，专业监理工程师对垂直度、进行检查，应符合设计文件及标准规范要求。

（5）专业监理工程检查拉线转角杆、终端杆、导线不对称布置的拉线直线单杆的预倾斜应符合规范要求。

（6）110kV及以上的铁塔组立后，专业监理工程检查各相邻节点间主材弯曲度，其偏差不应超过1/750。

（7）专业监理工程检查以抱箍连接的叉梁的上端抱箍组装尺寸及横隔梁组装尺寸的偏差，不得超出±50mm。

（8）35kV及以下线路，专业监理工程检查横担安装水平度的偏差应符合规定。

（9）专业监理工程师对杆塔组立的平行检验，填写"杆塔工程平行检验记录"（PJ-JKXL-GT-01）。

4. 混凝土电杆

（1）混凝土电杆组立前，专业监理工程师应检查并确认混凝土电杆已经进行了材料进场验收。

（2）专业监理工程检查混凝土电杆质量应符合 SY 4206—2007 的要求。

（3）钢圈连接的混凝土电杆宜采用电弧焊焊接，专业监理工程师检查焊接质量，焊接操作应符合 GB 50173—2014 或 GB 50233—2014 的要求。

5. 螺栓连接构件

(1) 专业监理工程师检查螺栓连接构件的质量，主要检查螺栓紧固要求、穿入方向及螺母垫圈的安装应符合 GB 50173—2014 或 GB 50233—2014 规定。

(2) 专业监理工程师对螺栓连接的平行检验，填写"杆塔工程平行检验记录"（PJ-JKXL-GT-01）。

6. 杆塔标志及攀梯安装

专业监理工程师检查杆塔标志及攀梯应牢固、可靠，检查线路名称、相序、杆塔号及高塔航行故障标志应清晰正确。

7. 塔脚板与保护帽

专业监理工程师检查塔脚板应与基础面接触良好；塔脚板与保护帽之间有空隙处应加垫铁，并应灌注水泥砂浆；保护帽的混凝土应与塔脚板上铁板结合紧密；保护帽外观检查不应有裂纹。

四、关键控制点

1. 避免杆塔强力组对

构件强力组对会降低构件的承载力或使构件变形，专业监理工程师在检查时要严禁强力组对，严禁使用气割扩孔。

2. 混凝土电杆埋深

专业监理工程师在监督电杆立杆前，要求施工方在根部设立埋入深度标志，深度符合设计要求，防止在恶劣天气下应电杆深度不足发生倒杆。

根据工程性质及现场实际情况，关键控制点不限于上述内容。

五、验收

1. 验收依据

(1) 工程设计文件。

(2) 标准规范：

SY 4200—2007《石油天然气建设工程施工质量验收规范 通则》；

SY 4206—2007《石油天然气建设工程施工质量验收规范 电气工程》；

GB 50173—2014《电气装置安装工程 66kV及以下架空电力线路施工及验收规范》；

GB 50233—2014《110kV～750kV架空输电线路施工及验收规范》。

(3) 与项目有关的其他文件。

2. 验收组织

杆塔工程作为一个分项工程，验收由专业监理工程师或总监理工程师代表组织相关单位人员，共同按设计要求和质量验收规范进行。

3. 验收条件

杆塔工程验收应在施工单位自检合格的基础上，并经施工单位提出验收申请后组织。同时施工承包单位应提供下列技术文件和施工记录：

(1) 杆塔及其附件的质量证明文件，需要进行复检的材料还要提供检测报告。

(2) 架空电力线路杆塔组立施工记录。

4. 验收重点内容

(1) 对工程内在质量有直接影响的重要材料、构（配）件、零部件、设备及附件的材质技术性能要求。

(2) 对安全和使用功能有重大影响的工程性能检测、测试要求。

(3) 工程实体检查符合设计文件及标准规范的要求。

5. 验收合格判定

(1) 检验批验收，合格标准：

①具有完整的施工操作依据和质量检查记录；

②主控项目经抽样检验，全数符合相关专业工程施工质量验收规范的规定；

③一般项目的质量经抽样检验有 80% 及以上的检查点符合相关专业工程施工质量验收规范的规定，其余检查点也基本接近相关专业工程施工质量验收规范的规定。

（2）分项工程合格标准：所含的检验批的质量记录完整且均验收合格。

（3）分部工程合格标准：控制资料完整、所含分项工程的质量均应验收合格。

第三节　拉线安装

一、适用范围

适用于中国石油油气田地面建设工程新建、改建、扩建架空电力线路安装中拉线安装工程监理。

二、监理控制点设置

监理控制点设置见表 3-3。

表 3-3　监理控制点设置

序号	监理控制点	主要检查方式	检查频次及要求
1	进场材料验收	平行检验	100% 检查验收，并按规定与合同约定进行平行检验
2	拉线与拉线棒组装	平行检验	主控项目应 100% 平行检验，一般项目平行检验按合同约定进行
3	采用 NUT 型与楔形线夹的拉线	平行检验	
4	顶（撑）杆的安装	平行检验	

三、监理要点

1. 材料进场验收

施工单位应在原材料进场后向监理机构报验,经检查验收合格后方可用于工程。

(1) 资料检查。

施工单位填报 GB/T 50319—2013 中表 B.0.6,并按要求提供下列资料:

①产品清单,主要包括产品名称、规格型号、生产厂家、生产批号、数量、自检结果及自检人员单位签章等,并作为 GB/T 50319—2013 中表 B.0.6 的附件;

②拉线安装所使用的金具及镀锌钢绞线及顶(撑)杆附随的书面文件,如产品说明书、产品合格证、质保书、检测报告等。

(2) 抽检送检及试验:

如材料需要进行抽检或试验,监理人员应对抽检送检或试验过程进行监督检查,对检测或试验结果进行核查确认。

(3) 现场材料检查。

在报验资料经审查合格后,专业监理工程师应采用平行检验的方式对进场材料实物进行抽检。抽检内容包含但不局限于以下几个方面:检查进场材料,其生产批号、规格、型号、材质、数量、质量证明文件、生产厂家等与设计文件和报验资料是否相符。

(4) 不合格品的处理及检验结论。

①不合格品的处理:检验不合格的材料,严禁用于工程,并要求施工单位限期将其撤出施工现场;

②检验结论:材料检验完成后,要及时做检验出检验结论。

(5) 材料进场平行检验完成后,监理人员应填写"材料进场平行检验记录"(PJ-JKXL-CL-01)。

2. 人员、机具检查

（1）专业监理工程师应检查审核施工单位报验的 GB/T 50319—2013 中表 B.0.7，确定特殊工种作业人员资质满足工程施工需求，并根据工程进度现场查验人员到位情况。

（2）专业监理工程师应检查审核施工单位报验的 GB/T 50319—2013 中表 B.0.7，对施工质量和安全有重要影响的机具，监理工程师应抽查实物外观核查设备参数及鉴定证书。

3. 拉线与拉线棒组装

（1）拉线安装前，专业监理工程师检查拉线盘的埋深和方向符合设计要求，拉线棒与拉线盘应垂直，连接处采用双螺母。

（2）专业监理工程师检查拉线与拉线棒的安装质量应符合 GB 50173—2014 或 GB 50233—2014 的要求。

（3）专业监理工程师进行拉线与拉线棒安装的平行检验，填写"拉线安装平行检验记录"（PJ-JKXL-LX-01）。

4. 采用 NUT 型与楔形线夹的拉线

（1）专业监理工程师检查 NUT 型与楔形线夹拉线的线夹舌板与拉线接触应紧密；拉线弯曲部分不应有明显松股，尾线应与主线扎牢；测量线夹处露出的尾线长度应为 300~500mm；检查 NUT 型线夹带螺母后螺杆应露出螺纹，并应留有不小于 1/2 螺杆的可调螺纹长度，以供运行中调整；检查 110kV 及以上 NUT 型线夹安装后应将双螺帽拧紧并装设防盗罩。

（2）专业监理工程师对 NUT 型与楔形线夹安装的平行检验，填写"拉线安装平行检验记录"（PJ-JKXL-LX-01）。

5. 顶（撑）杆的安装

（1）架空线路由于某种原因采用顶（撑）杆时，专业监理工程师应检查顶杆底部埋设深度不宜小于 0.5m，且设防沉措施。

（2）专业监理工程师测量与主杆之间夹角应满足设计要

求，允许偏差为±5°。

（3）专业监理工程师检查顶（撑）杆与主杆连接应紧密、牢固。

（4）专业监理工程师检查顶（撑）杆，定要使用电杆底盘，并且与顶（撑）杆垂直。

（5）专业监理工程师进行顶（撑）杆安装的平行检验，填写"拉线安装平行检验记录"（PJ-JKXL-LX-01）。

四、关键控制点

杆塔拉线要及时进行调整收紧。对设计有初应力规定的拉线，专业监理工程师检查时，监督施工单位应按设计要求的初应力允许范围内调整，并观察杆塔倾斜不许超出允许值。

根据工程性质及现场实际情况，关键控制点不限于上述内容。

五、验收

1. 验收依据

（1）工程设计文件。

（2）标准规范：

SY 4200—2007《石油天然气建设工程施工质量验收规范通则》；

SY 4206—2007《石油天然气建设工程施工质量验收规范 电气工程》；

GB 50173—2014《电气装置安装工程 66kV及以下架空电力线路施工及验收规范》；

GB 50233—2014《110kV~500kV架空输电线路施工及验收规范》。

（3）与项目有关的其他文件。

2. 验收组织

拉线安装工程作为一个分项工程，验收由专业监理工程师或总监理工程师代表组织组织相关单位人员，共同按设计要求和质量验收规范进行。

3. 验收条件

拉线工程验收应在施工单位自检合格的基础上，并经施工单位提出验收申请后组织。同时施工承包单位应提供下列技术文件和施工记录：

（1）拉线及其附件的质量证明文件，需要进行复检的材料还要提供检测报告。

（2）架空电力线路拉线安装施工记录。

4. 验收重点内容

（1）对工程内在质量有直接影响的重要材料、构（配）件、零部件、设备及附件的材质技术性能要求。

（2）对安全和使用功能有重大影响的工程性能检测、测试要求。

（3）工程实体检查符合设计文件及标准规范的要求。

5. 验收合格判定

（1）检验批验收，合格标准：

①具有完整的施工操作依据和质量检查记录；

②主控项目经抽样检验，全数符合相关专业工程施工质量验收规范的规定；

③一般项目的质量经抽样检验有80%及以上的检查点符合相关专业工程施工质量验收规范的规定，其余检查点也基本接近相关专业工程施工质量验收规范的规定。

（2）分项工程合格标准：所含的检验批的质量记录完整且均验收合格。

（3）分部工程合格标准：控制资料完整、所含分项工程的质量均应验收合格。

第四节 导线架设

一、适用范围

适用于中国石油油气田地面建设工程新建、改建、扩建架空电力线路安装中导线架设工程监理。

二、监理控制点设置

监理控制点设置见表3-4。

表3-4 监理控制点设置

序号	监理控制点	主要检查方式	检查频次及要求
1	进场材料验收	平行检验	100%检查验收,并按规定与合同约定进行平行检验
2	导线及避雷线的压线连接	平行检验	主控项目应100%平行检验,一般项目平行检验按合同约定进行
3	导线或避雷线架设	平行检验	
4	引流线安装	平行检验	

三、监理要点

1. 材料进场验收

施工单位应在原材料进场后向监理机构报验,经检查验收合格后方可用于工程。

(1) 资料检查。

施工单位填报 GB/T 50319—2013 中表 B.0.6,并按要求提供下列资料:

①产品清单,主要包括产品名称、规格型号、生产厂家、生产批号、数量、自检结果及自检人员单位签章等,并作为

GB/T 50319—2013 中表 B.0.6 的附件；

②导线架设工程所用的导线及避雷线附随的书面文件，如产品说明书、产品合格证、质保书、检测报告等。

（2）抽检送检及试验：

如材料需要进行抽检或试验，监理人员应对抽检送检或试验过程进行监督检查，对检测或试验结果进行核查确认。

（3）现场材料检查。

在报验资料经审查合格后，专业监理工程师应采用平行检验的方式对进场材料实物进行抽检。抽检内容包含但不局限于以下几个方面：

①检查进场材料，其生产批号、规格、型号、材质、数量、质量证明文件、生产厂家等与设计文件和报验资料是否相符；

②对制造厂在线上设有损伤或断头标志的地方，应查明情况妥善处理。

（4）不合格品的处理及检验结论。

①不合格品的处理：检验不合格的材料，严禁用于工程，并要求施工单位限期将其撤出施工现场；

②检验结论：材料检验完成后，要及时做出检验结论。

（5）材料进场平行检验完成后，监理人员应填写"材料进场平行检验记录"（PJ-JKXL-CL-01）。

2. 人员机具检查

（1）专业监理工程师应检查审核施工单位报验的 GB/T 50319—2013 中表 B.0.7，确定特殊工种作业人员资质满足工程施工需求，并根据工程进度现场查验人员到位情况。

（2）专业监理工程师应检查审核施工单位报验的 GB/T 50319—2013 中表 B.0.7，对施工质量和安全有重要影响的机具，监理工程师应抽查实物外观核查设备参数及鉴定证书。

3. 导线及避雷线的压线连接

（1）导线及避雷线的压线连接过程中，专业监理工程师要检查确定该档距内是否存在不得接头的情况。

(2) 专业监理工程师检查连接的导线或架空地线的金属材质、规格、绞制方向是否相同，如果不一致严禁在同一个耐张内连接。

(3) 各种接续管、耐张管及钢锚连接前，专业监理工程师应对管的内、外直径及管壁厚度进行检查，其质量应符合现行国家标准 GB/T 2314—2008《电力金具通用技术条件》的规定。不合格者，不得使用。

(4) 专业监理工程师应检查连接试件的拉力试验报告。试验结果应满足工程需要。

(5) 导线与连接管连接前，专业监理工程师检查连接部分的处理情况，应符合 GB 50173—2014 和 GB 50233—2014 的要求。

(6) 导线及避雷线连接完毕后，专业监理工程师应抽检外观质量，并应符合下列规定：

①用精度不低于 0.1mm 游标卡尺测量压接后的尺寸，各种压接管压接后的对边尺寸最大允许值应符合要求，当超出时更换模具重压；

②检查飞边毛刺及表面未超出的损伤应锉平磨光；

③测量弯曲度不得大于 2%，有明显弯曲要校直，校直后有裂纹的要割断重压；

④检查裸露的钢压接管要涂防锈漆。

(7) 专业监理工程师进行导线及避雷线压线连接的平行检验，填写"导线架设平行检验记录"（PJ-JKXL-DX-01）。

4. 导线或避雷线架设

(1) 导线或避雷线架设施工前，总监理工程师应组织专业监理工程师审查施工技术文件或施工技术措施，符合要求时予以签认。

(2) 导线架设时，专业监理工程师检查导线的固定应正确、牢固，允许损伤程度及修补处理应符合 GB 50173—2014 和

GB 50233—2014 的要求。

（3）紧线后，专业监理工程师检查导线或避雷线各相间弧垂的相对偏差，应符合 GB 50173—2014 或 GB 50233—2014 的要求。

（4）有分裂导线时，专业监理工程师检查分裂导线同相子导线间弧垂的相对偏差应符合应符合 GB 50173—2014 或 GB 50233—2014 的要求。

（5）专业监理工程师检查最大弧垂时交叉跨越距离应符合设计规定，紧线弧垂与设计弧垂的允许误差应符合 GB 50173—2014 或 GB 50233—2014 的要求。

（6）专业监理工程师对导线或避雷线架设的平行检验，填写"导线架设平行检验记录"（PJ-JKXL-DX-01）。

5. 引流线安装

（1）引流线的安装完成后，专业监理工程师检查引流线连接接触应紧密、牢固，连接方式、绑扎尺度应符合设计要求。

（2）当使用压接引流线时，专业监理工程师检查其中间不应有接头。

（3）专业监理工程师检查三相弧度应一致。

（4）专业监理工程师检查引流线对杆塔及拉线等的电气间隙应符合设计文件及标准规范的规定。

（5）专业监理工程师对引流线安装的平行检验，填写"导线架设平行检验记录"（PJ-JKXL-DX-01）。

四、关键控制点

1. 导线修补

专业监理工程师应检查不同金属、不同规格、不同绞制方向的导线或避雷线不应在一个耐张段内连接。在同一档距内每根导线不得超过一个接头和三个补修管（张力放线不超过两个修补管）；并且距离耐张线夹距离不小于15m，距离悬垂线夹不小于5m，与间隔棒距离不小于0.5m。

2. 紧线时的基础强度

线路紧线应在混凝土基础强度达到100%时进行，专业监理工程师检查混凝土试块强度试验报告。

3. 导线严重损伤，应将损伤部分全部锯掉，用接续管重新连接的情况

（1）检查发现截面积损伤超过导电部分截面积的12.5%；

（2）测量损伤部分超过一个修补管允许补修范围；

（3）检查发现钢芯有断股；

（4）发现金钩、破股已导致钢芯或内层线股形成无法修复的永久变形。

根据工程性质及现场实际情况，关键控制点不限于上述内容。

五、验收

1. 验收依据

（1）工程设计文件。

（2）标准规范：

SY 4200—2007《石油天然气建设工程施工质量验收规范 通则》；

SY 4206—2007《石油天然气建设工程施工质量验收规范 电气工程》；

GB 50173—2014《电气装置安装工程 66kV及以下架空电力线路施工及验收规范》；

GB 50233—2014《110kV～500kV架空输电线路施工及验收规范》。

（3）与项目有关的其他文件。

2. 验收组织

导线架设工程作为一个分项工程，验收由专业监理工程师

或总监理工程师代表组织相关单位人员，共同按设计要求和质量验收规范进行。

3. 验收条件

导线架设验收应在施工单位自检合格的基础上，并经施工单位提出验收申请后组织。同时施工承包单位应提供下列技术文件和施工记录：

（1）导线及其附件的质量证明文件，需要进行复检的材料还要提供检测报告；

（2）架空电力线路弛度观察施工记录；

（3）架空电力线路大跨越档施工记录；

（4）架空电力线路导线接续施工记录；

（5）架空电力线路穿跨距明细表。

4. 验收重点内容

（1）对工程内在质量有直接影响的重要材料、构（配）件、零部件、设备及附件的材质技术性能要求。

（2）对安全和使用功能有重大影响的工程性能检测、测试要求，如导线连接试件拉力试验记录。

（3）工程实体检查符合设计文件及标准规范的要求。

5. 验收合格判定

（1）检验批验收，合格标准：

①具有完整的施工操作依据和质量检查记录；

②主控项目经抽样检验，全数符合相关专业工程施工质量验收规范的规定；

③一般项目的质量经抽样检验有80%及以上的检查点符合相关专业工程施工质量验收规范的规定，其余检查点也基本接近相关专业工程施工质量验收规范的规定。

（2）分项工程合格标准：所含的检验批的质量记录完整且均验收合格。

（3）分部工程合格标准：控制资料完整、所含分项工程的质量均应验收合格。

第五节　附件安装

一、适用范围

适用于中国石油油气田地面建设工程新建、改建、扩建架空电力线路安装中附件安装工程监理。

二、监理控制点设置

监理控制点设置见表3-5。

表3-5　监理控制点设置

序号	监理控制点	主要检查方式	检查频次及要求
1	进场材料验收	验收、平行检验	100%检查验收，并按规定与合同约定进行平行检验
2	金具安装	平行检验	主控项目应100%平行检验，一般项目平行检验按合同约定进行
3	绝缘子安装	平行检验	

三、监理要点

1. 进场材料验收

施工单位应在原材料进场后向监理机构报验，经检查验收合格后方可用于工程。

（1）资料检查。

施工单位填报 GB/T 50319—2013 中表 B.0.6，并按要求提供下列资料：

①产品清单，主要包括产品名称、规格型号、生产厂家、

生产批号、数量、自检结果及自检人员单位签章等,并作为 GB/T 50319—2013 中表 B.0.6 的附件;

②材料附随的书面文件,如产品说明书、产品合格证、质保书、检测报告等。

(2) 抽检送检及试验:

如材料需要进行抽检或试验,监理人员应对抽检送检或试验过程进行监督检查,对检测或试验结果进行核查确认。

(3) 现场材料检查。

在报验资料经审查合格后,专业监理工程师应采用平行检验的方式对进场材料实物进行抽检。抽检内容包含但不局限于以下几个方面:

①检查所进场电缆等材料,其生产批号、规格、型号、材质、数量、质量证明文件、生产厂家等与报验资料是否相符;

②绝缘子铁帽、绝缘件、钢脚三者在同一轴线上,不应有明显歪斜,结合紧密,金属件镀锌良好。绝缘件表面光滑无裂纹。

(4) 不合格品的处理及检验结论。

①不合格品的处理:检验不合格的材料,严禁用于工程,并要求施工单位限期将其撤出施工现场;

②检验结论:材料检验完成后,要及时做出检验结论。

(5) 材料进场平行检验完成后,监理人员应填写"材料进场平行检验记录"(PJ-JKXL-CL-01)。

2. 人员机具检查

(1) 专业监理工程师应检查审核施工单位报验的 GB/T 50319—2013 中表 B.0.7 中作业人员,确定特殊工种作业人员资质满足工程施工需求,并根据工程进度现场查验人员到位情况。

(2) 专业监理工程师应检查审核施工单位报验的 GB/T 50319—2013 中表 B.0.7,对施工质量和安全有重要影响的机具,监理工程师应抽查实物外观核查设备参数及鉴定证书。

3. 金具安装

（1）专业监理工程师检查金具安装前，检查金具镀锌层应完好，缺损处应补刷防腐漆；金具安装时连接应正确、可靠。

（2）专业监理工程师检查绝缘子串、导线及架空地线上各种金具上的螺栓、穿钉及弹簧销子除有固定穿向外，其余穿向应统一，并符合设计文件及标准规范的要求。

（3）专业监理工程师检查铝质绞线与金具线夹夹紧时，除并沟线夹及使用预绞式护线条外，安装时应在铝股外缠绕铝包带，缠绕时，所缠铝包带应露出线夹，测量长度应不宜超过10mm，其端头应回缠绕与线夹内压住；铝质引流连板及并沟线夹的连接面应平整、光洁。

（4）间隔棒安装时，专业监理工程师应检查各相间隔棒安装位置应一致，分裂导线的间隔棒的结构面应与导线垂直，杆塔两侧第一个间隔棒的安全距离偏差不应大于次档距的±1.5%，其余不应大于次档距的±3%，各相间隔棒安装位置应相互一致。

（5）专业监理工程师检查防振锤、阻尼线的安装应垂直于地面，防振锤及阻尼线安装距离偏差不应大于±30mm。

（6）专业监理工程师对金具安装检查的平行检验，填写"附件安装工程平行检验记录"（PJ-JKXL-FJ-01）。

4. 绝缘子安装

（1）绝缘子安装后，专业监理工程师检查绝缘子表面应清洁干净，无损伤、无裂纹。

（2）专业监理工程师检查绝缘子水平及垂直偏差符合规范要求。

（3）专业监理工程师对绝缘子安装质量检查的平行检验，填写"附件安装工程平行检验记录"（PJ-JKXL-FJ-01）。

四、关键控制点

(1) 连接前,专业监理工程师平行检验连接面是否平整,耐张线夹引流板光洁面应与引流线夹光洁面接触。

(2) 安装时应用汽油洗擦连接面及导线表面油污,并涂以电力复合脂,逐个均匀拧紧连接螺栓,监理工程师抽查螺栓紧固值应符合产品说明要求。

根据工程性质及现场实际情况,关键控制点不限于上述内容。

五、验收

1. 验收依据

(1) 工程设计文件。

(2) 标准规范:

SY 4200—2007《石油天然气建设工程施工质量验收规范通则》;

GB 50173—2014《电气装置安装工程 66kV及以下架空电力线路施工及验收规范》;

GB 50233—2014《110kV~500kV架空输电线路施工及验收规范》。

(3) 与项目有关的其他文件。

2. 验收组织

附件安装工程作为一个分项工程,验收由专业监理工程师或总监理工程师代表组织相关单位人员,共同按设计要求和质量验收规范进行。

3. 验收条件

在施工单位自检合格的基础上,并经施工承包单位提出验收申请后组织。同时施工承包单位应提供下列技术文件和施工记录:

（1）金具安装检查记录；

（2）绝缘子安装检查记录。

4. 验收重点内容

（1）对工程内在质量有直接影响的重要材料、构（配）件、零部件、设备及附件的材质技术性能要求。

（2）对安全和使用功能有重大影响的工程性能检测、测试要求，如绝缘子耐压试验报告。

（3）工程实体检查符合设计文件及标准规范的要求。

5. 验收合格判定：

（1）检验批验收，合格标准：

①具有完整的施工操作依据和质量检查记录；

②主控项目经抽样检验，全数符合相关专业工程施工质量验收规范的规定；

③一般项目的质量经抽样检验有80%及以上的检查点符合相关专业工程施工质量验收规范的规定，其余检查点也基本接近相关专业工程施工质量验收规范的规定。

（2）分项工程合格标准：所含的检验批的质量记录完整且均验收合格。

（3）分部工程合格标准：控制资料完整、所含分项工程的质量均应验收合格。

第六节　杆上电器设备及接户线安装

一、适用范围

适用于中国石油油气田地面建设工程新建、改建、扩建架空电力线路安装中杆上电器设备及接户线安装工程监理。

二、监理控制点设置

监理控制点设置见表3-6。

表3-6 监理控制点设置

序号	监理控制点	主要检查方式	检查频次及要求
1	进场材料验收	验收、平行检验	100%检查验收，并按规定与合同约定进行平行检验
2	杆上变压器及变压器台安装	平行检验	主控项目应100%平行检验，一般项目平行检验按合同约定进行
3	跌落式熔断器	平行检验	
4	杆上断路器和负荷开关安装	平行检验	
5	杆上隔离开关安装	平行检验	
6	杆上避雷器的安装	平行检验	
7	杆上电器交接试验	旁站	

三、监理要点

1. 进场材料验收

施工单位应在原材料进场后向监理机构报验，经检查验收合格后方可用于工程。

（1）资料检查。

施工单位填报 GB/T 50319—2013 中表 B.0.6，并按要求提供下列资料：

①产品清单，主要包括产品名称、规格型号、生产厂家、生产批号、数量、自检结果及自检人员单位签章等，并作为 GB/T 50319—2013 中表 B.0.6 的附件；

②材料附随的书面文件，如产品说明书、产品合格证、质保书、检测报告等。

（2）抽检送检及试验：

如材料需要进行抽检或试验，监理人员应对抽检送检或试验过程进行监督检查，对检测或试验结果进行核查确认。

（3）现场材料检查。

在报验资料经审查合格后，专业监理工程师应采用平行检验的方式对进场材料实物进行抽检。抽检内容包含但不局限于以下几个方面：

检查所进场电缆等材料，其生产批号、规格、型号、材质、数量、质量证明文件、生产厂家等与报验资料是否相符。

（4）不合格品的处理及检验结论。

①不合格品的处理：检验不合格的材料，严禁用于工程，并要求施工单位限期将其撤出施工现场；

②检验结论：材料检验完成后，要及时做出检验结论。

（5）材料进场平行检验完成后，监理人员应填写"材料进场平行检验记录"（PJ-JKXL-CL-01）。

2. 人员机具检查

（1）专业监理工程师应检查审核施工单位报验的 GB/T 50319—2013 中表 B.0.7，确定特殊工种作业人员资质满足工程施工需求，并根据工程进度现场查验人员到位情况。

（2）专业监理工程师应检查审核施工单位报验的 GB/T 50319—2013 中表 B.0.7，对施工质量和安全有重要影响的机具，监理工程师应抽查实物外观核查设备参数及鉴定证书。

3. 杆上变压器及变压器台安装

（1）专业监理工程师以平行检验方式检查杆上变压器及变压器台安装时，检查水平倾斜不应大于台架根开的 1/100。

（2）专业监理工程师观察一次、二次引线应排列整齐，绑扎牢固；油枕、油位应正常，外壳应干净；接地应可靠，并抽测接地电阻符合设计要求。

（3）专业监理工程师检查套管压线螺栓等部件应齐全；呼吸孔道应通畅。

（4）专业监理工程师对杆上变压器及变台安装质量检查的

平行检验，填写"杆上电器设备及接户线安装工程平行检验记录"（PJ-JKXL-GSDQ-01）。

4. 跌落式熔断器安装

（1）专业监理工程师检查跌落式熔断器安装，平行检验检查各部件零件应完整。

（2）专业监理工程师检查绝缘部件应良好无缺损，熔丝管不应有吸潮膨胀或弯曲现象；测量熔断器水平相间距离不应小于 500mm；观察操作过程，应灵活可靠、接触紧密。

（3）合熔丝管时专业监理工程师检查上触头应有一定的压缩行程。

（4）专业监理工程师检查上、下引线应压紧，与线路导线的连接应紧密可靠。

（5）专业监理工程师对跌落式熔断器安装质量检查的平行检验，填写"杆上电器设备及接户线安装工程平行检验记录"（PJ-JKXL-GSDQ-01）。

5. 杆上断路器和负荷开关安装

（1）杆上断路器和负荷开关的安装，专业监理工程师测量水平倾斜不应大于托架长度的 1/100。

（2）专业监理工程师检查引线连接应紧密，当采用绑扎连接时，测量其长度不小于 150mm。

（3）专业监理工程师检查外壳应干净，不应有漏油现象，气压不应低于规定值。

（4）专业监理工程师检查分合闸操作时，操作应灵活，分、合位置指示应正确。

（5）专业监理工程师检查外壳应接地可靠，测量接地电阻值符合设计要求。

（6）专业监理工程师对杆上断路器和负荷开关安装质量检查的平行检验，填写"杆上电器设备及接户线安装工程平行检验记录"（PJ-JKXL-GSDQ-01）。

6. 杆上隔离开关安装

（1）杆上隔离开关安装时，专业监理工程师检查隔离开关绝缘部件应良好。

（2）专业监理工程师抽测隔离开关的操作机构动作应灵活；检查隔离刀刃合闸时接触应紧密，分闸后测量空气间隙应不小于200mm。

（3）专业监理工程师检查隔离开关与引线的连接应紧密可靠；当隔离刀刃水平安装时，分闸时，宜使静触头带电。

（4）专业监理工程师对杆上隔离开关安装质量检查的平行检验，填写"杆上电器设备及接户线安装工程平行检验记录"（PJ-JKXL-GSDQ-01）。

7. 杆上避雷器的安装

（1）专业监理工程师检查杆上避雷器的瓷套与固定抱箍之间应加垫层；排列应整齐、高度一致，测量安装相间距离：1k~10kV时不小于350mm；1kV以下时，不小于150mm。

（2）杆上避雷器引线应短而直、连接紧密，采用绝缘线时，专业监理工程师检查其截面应符合设计文件及标准规范的要求。

（3）专业监理工程师检查与电气部分连接，不应使避雷器产生外加应力；引下线接地可靠，测量接地电阻值应符合设计规定。

（4）专业监理工程师对杆上避雷器安装质量检查的平行检验，填写"杆上电器设备及接户线安装工程平行检验记录"（PJ-JKXL-GSDQ-01）。

四、关键控制点

1. 高压电器设备的交接试验

（1）试验前，专业监理工程师应检查确认高压电器设备及其附件安装完毕。

(2)检查试验试验人员及设备应满足试验要求,并确认试验单位具有试验资质。

(3)检查试验内容应按 GB 50150—2016《电气装置安装工程 电气设备交接试验标准》的规定进行。

(4)试验过程检查通讯要畅通,试验区域已做好警示、隔离措施。

(5)试验完毕后,专业监理工程师对试验结果进行核查签认。

(6)试验时监理人员进行旁站,并填写"高压设备试验旁站记录"(PZ-DQ-SY-03)。

根据工程性质及现场实际情况,关键控制点不限于上述内容。

五、验收

1. 验收依据

(1)工程设计文件。

(2)标准规范:

SY 4200—2007《石油天然气建设工程施工质量验收规范通则》;

GB 50173—2014《电气装置安装工程 66kV及以下架空电力线路施工及验收规范》;

GB 50233—2014《110kV~500kV架空输电线路施工及验收规范》。

(3)与项目有关的其他文件。

2. 验收组织

杆上电器设备及接户线安装工程作为一个分项工程,验收由专业监理工程师或总监理工程师代表组织相关单位人员,共同按设计要求和质量验收规范进行。

3. 验收条件

在施工单位自检合格的基础上，并经施工承包单位提出验收申请后组织。同时施工承包单位应提供下列技术文件和施工记录（如果安装）：

(1) 杆上变压器及变压器台安装检查记录；

(2) 跌落式熔断器安装检查记录；

(3) 杆上断路器和负荷开关安装；

(4) 杆上隔离开关安装；

(5) 杆上避雷器的安装。

4. 验收重点内容

(1) 对工程内在质量有直接影响的重要材料、构（配）件、零部件、设备及附件的材质技术性能要求。

(2) 对安全和使用功能有重大影响的工程性能检测、测试要求，如高压电气设备试验报告。

(3) 工程实体检查符合设计文件及标准规范的要求。

5. 验收合格判定：

(1) 检验批验收，合格标准：

①具有完整的施工操作依据和质量检查记录；

②主控项目经抽样检验，全数符合相关专业工程施工质量验收规范的规定；

③一般项目的质量经抽样检验有 80% 及以上的检查点符合相关专业工程施工质量验收规范的规定，其余检查点也基本接近相关专业工程施工质量验收规范的规定。

(2) 分项工程合格标准：所含的检验批的质量记录完整且均验收合格。

(3) 分部工程合格标准：控制资料完整、所含分项工程的质量均应验收合格。

第七节　杆塔接地

一、适用范围

适用于中国石油油气田地面建设工程新建、改建、扩建架空电力线路安装中杆塔接地安装工程监理。

二、监理控制点设置

监理控制点设置见表3-7。

表3-7　监理控制点设置

序号	监理控制点	主要检查方式	检查频次及要求
1	进场材料验收	验收、平行检验	100%检查验收，并按规定与合同约定进行平行检验
2	接地体安装	平行检验	主控项目应100%平行检验，一般项目平行检验按合同约定进行
3	接地装置连接	平行检验	
4	接地沟回填的质量	平行检验	

三、监理要点

1. 进场材料验收

施工单位应在原材料进场后向监理机构报验，经检查验收合格后方可用于工程。

（1）资料检查。

施工单位填报 GB/T 50319—2013 中表 B.0.6，并按要求提供下列资料：

①产品清单，主要包括产品名称、规格型号、生产厂家、生产批号、数量、自检结果及自检人员单位签章等，并作为

GB/T 50319—2013 中表 B.0.6 的附件；

②材料附随的书面文件，如产品说明书、产品合格证、质保书、检测报告等。

（2）抽检送检及试验：

如材料需要进行抽检或试验，监理人员应对抽检送检或试验过程进行监督检查，对检测或试验结果进行核查确认。

（3）现场材料检查。

在报验资料经审查合格后，专业监理工程师应采用平行检验的方式对进场材料实物进行抽检。抽检内容包含但不局限于以下几个方面：

检查所进场电缆等材料，其生产批号、规格、型号、材质、数量、质量证明文件、生产厂家等与报验资料是否相符。

（4）不合格品的处理及检验结论。

①不合格品的处理：检验不合格的材料，严禁用于工程，并要求施工单位限期将其撤出施工现场；

②检验结论：材料检验完成后，要及时做出检验结论。

（5）材料进场平行检验完成后，监理人员应填写"材料进场平行检验记录"（PJ-JKXL-CL-01）。

2. 人员机具检查

（1）专业监理工程师应检查审核施工单位报验的 GB/T 50319—2013 中表 B.0.7，确定特殊工种作业人员资质满足工程施工需求，并根据工程进度现场查验人员到位情况。

（2）专业监理工程师应检查审核施工单位报验的 GB/T 50319—2013 中表 B.0.7，对施工质量和安全有重要影响的机具，监理工程师应抽查实物外观核查设备参数及鉴定证书。

3. 接地体安装

（1）接地体安装时，专业监理工程师进行外观检查，观察垂直接地体应垂直打入，水平敷设的接地体敷设应平直。

（2）倾斜地形安装时，专业监理工程师检查接地应沿等高线敷设。

（3）专业监理工程师测量两接地体间距不应小于 5m。

（4）设计为环形时，专业监理工程师检查接地安装应保持环形。

（5）专业监理工程师对接地体安装质量检查的平行检验，填写"杆塔接地工程平行检验记录"（PJ-JKXL-JD-01）。

4. 接地装置连接

（1）专业监理工程师检查接地装置连接，检查接地引下线与杆塔的连接应良好，并便于打开测量。

（2）专业监理工程师检查接地引下线应紧贴杆身，固定均匀牢固。

（3）专业监理工程师检查接地焊接搭接面、焊道处理及防腐要符合设计文件及标准规范要求。

（4）专业监理工程师对接地装置连接质量检查的平行检验，填写"杆塔接地工程平行检验记录"（PJ-JKXL-JD-01）。

5. 接地沟回填

（1）地沟回填时，专业监理工程师检查接地沟的回填宜选取未掺有石块及其他杂物的泥土，并应分层夯实。

（2）在回填后的沟面应筑有防沉层，专业监理工程师检查其高度宜为 100~300mm。工程移交时回填处不应低于地面。

（3）专业监理工程师对接地沟回填质量检查的平行检验，填写"杆塔接地工程平行检验记录"（PJ-JKXL-JD-01）。

四、关键控制点

接地施工时，专业监理工程师要检查施工顺序，本着先地下后地上的原则，在铁塔组立前接地应施工完成，接地电阻测试合格，在铁塔组立时与塔脚紧密连接，防止因雷雨天气造成雷击。架空线路铁塔，专业监理工程师应检查每一脚均要与接地体引下线连接。

根据工程性质及现场实际情况，关键控制点不限于上述内容。

五、验收

1. 验收依据

（1）工程设计文件。

（2）标准规范：

SY 4200—2007《石油天然气建设工程施工质量验收规范通则》；

GB 50173—2014《电气装置安装工程 66kV及以下架空电力线路施工及验收规范》；

GB 50233—2014《110kV~500kV架空输电线路施工及验收规范》。

（3）与项目有关的其他文件。

2. 验收组织

杆塔接地工程作为一个分项工程，验收由专业监理工程师或总监理工程师代表组织相关单位人员，共同按设计要求和质量验收规范进行。

3. 验收条件

在施工单位自检合格的基础上，并经施工承包单位提出验收申请后组织。同时施工承包单位应提供下列技术文件和施工记录（如果安装）：

（1）隐蔽工程检查记录；

（2）接地网安装记录；

（3）接地电阻测试记录。

4. 验收重点内容

（1）对工程内在质量有直接影响的重要材料、构（配）件、零部件、设备及附件的材质技术性能要求。

（2）对安全和使用功能有重大影响的工程性能检测、测试要求,如接地电阻测试记录。

(3) 工程实体检查符合设计文件及标准规范的要求。

5. 验收合格判定:

(1) 检验批验收,合格标准:

①具有完整的施工操作依据和质量检查记录;

②主控项目经抽样检验,全数符合相关专业工程施工质量验收规范的规定;

③一般项目的质量经抽样检验有80%及以上的检查点符合相关专业工程施工质量验收规范的规定,其余检查点也基本接近相关专业工程施工质量验收规范的规定。

(2) 分项工程合格标准:

所含的检验批的质量记录完整且均验收合格。

(3) 分部工程合格标准:

控制资料完整、所含分项工程的质量均应验收合格。

附录　平行检验记录及旁站记录

附录一　仪表安装工程标准化监理类

设备和材料进场平行检验记录

工程名称：　　　　　　　　　　　　　　　　　　　PJ-YB-CL-01

	设备\材料名称					
	检验项目	检查内容				
资料检查	报审表	内容是否符合要求　□符合　□不符合				
	产品技术文件	□符合设计文件　□不符合设计文件				
	质量证明文件	□符合设计文件　□不符合设计文件				
	设备特性数据	□符合设计文件　□不符合设计文件				
实物检查	规格及数量	型号、规格		数量	制造厂家	仪表出厂编号
		□符合设计文件 □不符合设计文件				
	仪表设备铭牌	□符合要求　□不符合要求				
	附件、备件	□符合设计文件　□不符合设计文件				
	放射性仪表	放射源是否处于锁闭状态，锁定装置是否安全可靠				□是 □否
	分析仪表配套的实验标准样品	数量和浓度	□符合设计文件 □不符合设计文件		包装良好、无泄漏	□是 □否
备注：						
检验结果：						
		检验人员：		年　月　日		

仪表盘（柜、台、箱）安装平行检验记录

工程名称： PJ-YB-PG-01

检验部位					
项目	序号	检查内容		允许偏差	检验记录
主控项目	1	仪表盘、柜、台、箱的产品技术文件和质量证明文件			□符合设计文件 □不符合设计文件
		铭牌、防爆标识、防护等级、型号、位号、数量、外形尺寸、安装孔尺寸、内外表面涂层			□符合设计文件 □不符合设计文件
	2	安装、连接	仪表盘、柜、操作台的安装位置和平面布置		□符合设计文件 □不符合设计文件
			仪表盘、柜、操作台之间及盘、柜、操作台内各设备构件之间的连接应牢固，用于安装的紧固件应为防锈材料；安装固定不应采用焊接方式		□合格 □不合格
			仪表盘、柜、台、箱应无变形和表面涂层损伤		□合格 □不合格
	3	密封、接线	当仪表管道引入安装在有爆炸和火灾危险、有毒及有腐蚀性物质环境的仪表盘、柜、台、箱时，其管道引入孔处应做密封处理		□合格 □不合格
			仪表盘、柜、台、箱内部的仪表线路接线应正确牢固，导通和绝缘检查合格，线端应有编号		□合格 □不合格
			内部本质安全电路敷设配线应与非本质安全电路分开；接线端子间的间距，不得小于50mm，否则应采用高于端子的绝缘板隔离		□合格 □不合格
	4	仪表供电系统的安装应符合设计文件规定			□合格 □不合格
	5	防爆和接地	防爆、密封措施符合设计文件规定		□合格 □不合格
			工作接地系统应符合设计文件规定		□合格 □不合格
			保护接地系统应符合设计文件规定		□合格 □不合格
			屏蔽接地应符合设计文件规定		□合格 □不合格
一般项目	1	型钢底座的允许偏差	制作	直线度（mm/m）	1	实际测量值：
				底座>5m（mm）	5	实际测量值：
	2	型钢底座的允许偏差	安装	上表面水平度（mm/m）	1	实际测量值：
				长度>5m（mm）	5	实际测量值：

续表

检验部位					
检验项目		检查内容		允许偏差	检验记录
一般项目	3 仪表盘、柜、台、箱的允许偏差	单独安装	垂直度（mm/m）	1.5	实际测量值：
			水平度（mm/m）	1	实际测量值：
		成排安装	垂直度（mm/m）	1.5	实际测量值：
			水平度（mm/m）	1	实际测量值：
			同一系列顶部高度偏差（mm）	2	实际测量值：
			同一系列连接处超过2处时顶部高度最大偏差（mm）	5	实际测量值：
			正面平面度偏差（mm）	1	实际测量值：
			连接处超过5处时正面的平面度偏差（mm）	5	实际测量值：
			接缝间隙（mm）	2	实际测量值：
	4	仪表管道应固定牢固，并应与仪表线路分开敷设			□合格 □不合格
		内部的线路敷设和接线应符合现行国家标准GB 50093—2013《自动化仪表工程施工及质量验收规范》的规定			□合格 □不合格
		多股线芯端头宜采用接线端子压接			□合格 □不合格
		备用芯线应接在备用端子上，或按使用的最大长度预留，并应按设计文件规定标注备用线号			□合格 □不合格
		内部及室内地板下、电缆沟内应无异物			□合格 □不合格
备注					
检验结论		检验人员：		年 月 日	

温度检测仪表安装平行检验记录

工程名称：　　　　　　　　　　　　　　　　　　　　PJ-YB-WD-01

检验部位				
检验项目			检查内容	检验记录
主控项目	1		温度检测仪表的型号、规格、材质、测量范围、精度等级符合设计文件规定，质量证明文件齐全	□合格　□不合格
	2	安装位置	温度取源部件的材质、安装位置	□符合设计文件 □不符合设计文件
			仪表的安装位置应符合设计文件规定，安装应牢固，不应承受非正常外力	□合格　□不合格
	3	仪表安装	表面温度计的感温面与被测对象表面应接触紧密并固定牢固	□合格　□不合格
			压力式温度计的温包应全部浸入被测对象中	□合格　□不合格
一般项目	1		仪表的外观完整、附件齐全、安装位置应便于观察和操作维护	□合格　□不合格
	2		仪表铭牌和仪表位号标识应齐全、牢固、清晰	□合格　□不合格
	3		仪表安装支架的规格、材质、制作、防腐	□符合设计文件 □不符合设计文件
	4		保温箱、保护箱的安装标高应符合设计文件规定，固定牢固、平正	□合格　□不合格
	5		集中安装的仪表、保温箱、保护箱应排列整齐、美观	□合格　□不合格
	6		在多粉尘部位安装的测温元件，应有防止磨损的保护措施	□合格　□不合格
	7		在易受被测物料强烈冲击或被测温度大于700℃	□合格　□不合格
	8		振动场所安装的测温元件，有减振措施	□合格　□不合格
备注				
检验结论			检验人员：　　　　　　　　　　年　　月　　日	

压力检测仪表安装平行检验记录

工程名称： PJ-YB-YL-01

检验部位			
检验项目		检查内容	检验记录
主控项目	1	压力检测仪表的型号、规格、材质、测量范围、压力等级等应符合设计文件规定，质量证明文件齐全	□合格　□不合格
	2	安装位置：压力取源部件的材质和安装位置	□符合设计文件 □不符合设计文件
		仪表的安装位置应符合设计文件规定，安装应牢固、平正，不应承受非正常外力	□合格　□不合格
		当仪表管道与仪表设备连接时，应连接严密，且不应使仪表设备承受机械应力	□合格　□不合格
		接线应正确牢固，导通和绝缘检查合格	□合格　□不合格
	5	防爆、接地、隔离和吹洗措施	□符合设计文件 □不符合设计文件
		毛细管的敷设应有保护措施，弯曲半径≥50mm，周围温度变化剧烈时采取隔热措施	□合格　□不合格
		测量高压的压力仪表安装在操作岗位附近时，安装高度距操作面1.8m以上；仪表正面加防护罩	□合格　□不合格
一般项目	1	仪表的外观完整、附件齐全、安装位置便于观察和操作维护	□合格　□不合格
		仪表铭牌和仪表位号标识齐全、牢固、清晰	□合格　□不合格
		仪表安装支架的规格、材质、制作、防腐	□符合设计文件 □不符合设计文件
		保温箱、保护箱的安装标高应符合设计文件规定，固定牢固、平正	□符合设计文件 □不符合设计文件
		集中安装的仪表、保温箱、保护箱应排列整齐、美观	□合格　□不合格
	2	低压测量用压力仪表的安装高度宜与取压点的高度一致或采取补偿措施	□合格　□不合格
备注			
检验结论		检验人员：　　　　　　　　年　　月　　日	

流量检测仪表安装平行检验记录

工程名称： PJ-YB-LL-01

检验部位				
检验项目			检查内容	检验记录
主控项目	1		流量取源部件、流量检测仪表的型号、规格、材质、测量范围、压力等级等应符合设计文件规定，质量证明文件齐全	□合格　□不合格
			孔板的入口和喷嘴的出口边缘应无毛刺、圆角或可见损伤，并应按设计数据或制造标准验证其制造尺寸	□合格　□不合格
	2	取源部件安装	流量取源部件的型号、规格以及安装位置	□符合设计文件 □不符合设计文件
			流量取源部件上游、下游直管段的最小长度	□符合设计文件 □不符合设计文件
			在规定的直管段最小长度范围内，不得设置其他取源部件或检测元件，直管段管子内表面应清洁，无凹坑或凸出物	□合格　□不合格
			在节流件的上游安装温度仪表时，温度仪表与节流元件间的直管段距离应符合现行国家标准GB 50093—2013《自动化仪表工程施工及质量验收规范》的规定；在节流件的下游安装温度仪表时，温度仪表与节流件间的直管段距离不应小于5倍管道内径	□符合规范 □不符合规范
			节流装置取压口的方位	□符合规范 □不符合规范
	3		仪表的安装位置应符合设计文件规定，安装应牢固、平正，不应承受非正常外力	□符合设计文件 □不符合设计文件
			水平和倾斜的管道上安装的孔板或喷嘴，排泄孔的位置	□符合规范 □不符合规范
			节流件上"+"号的一侧应在被测流体流向的上游侧，当用箭头标明流向时，箭头的指向应与被测流体的流向一致	□合格　□不合格
			节流件必须在管道吹洗后安装	□合格　□不合格

续表

检验部位				
检验项目			检查内容	检验记录
主控项目	3	各类流量计安装	差压式仪表正负压室与测量管道的连接正确，测量管道倾斜方向和坡度以及过滤器、消气器、隔离器、冷凝器、沉降器、集气器的安装	□符合设计文件 □不符合设计文件
			转子流量计应安装在无振动的官道上，其中心线与铅垂线间的夹角不应超过2°，垂直安装时被测流体流向应为自下而上，上游侧直管段长度不宜小于管道直径的2倍	□合格　□不合格
			涡轮流量计信号线应使用屏蔽线，上游、下游直管段的长度	□符合设计文件 □不符合设计文件
			靶式流量计的靶中心应与管道轴线同心，靶面应迎着被测流体流向且与管道轴线垂直，上游、下游直管段长度	□符合设计文件 □不符合设计文件
			涡街流量计信号线应使用屏蔽线，上游、下游直管段的长度	□符合设计文件 □不符合设计文件
			电磁流量计的安装	□符合规范 □不符合规范
			椭圆齿轮流量计的刻度盘面应处于垂直平面内。在垂直管道上安装时，管道内流体流向应自下向上	□合格　□不合格
			超声波流量计的上游、下游直管段的长度应符合设计文件的规定；对于水平管道，换能器的位置应在与水平直线成45°夹角的范围内；被测管道内壁不应有影响测量精度的结垢层或涂层	□合格　□不合格
			均速管流量计上游、下游直管段的长度	□符合设计文件 □不符合设计文件
			质量流量计的安装应符合现行国家标准GB 50093—2013的规定	□符合规范 □不符合规范

续表

检验部位			
检验项目		检查内容	检验记录
主控项目	4	仪表管道的型号、规格、材质等应符合设计文件规定,质量证明文件齐全	□合格 □不合格
		当仪表管道与仪表设备连接时,应连接严密,且不应使仪表设备承受机械应力	□合格 □不合格
		仪表管道的安装、压力试验和泄露性试验	□符合设计文件 □不符合设计文件
		接线应正确牢固,导通和绝缘检查合格	□合格 □不合格
	5	防爆、接地、隔离和吹洗措施	□符合设计文件 □不符合设计文件
		毛细管的敷设应有保护措施,弯曲半径应不小于50mm,周围温度变化剧烈时应采取隔热措施	□合格 □不合格
一般项目	1	仪表的外观完整、附件齐全安装位置应便于观察和操作维护	□合格 □不合格
		仪表铭牌和仪表位号标识应齐全、牢固、清晰	□合格 □不合格
		仪表安装支架的规格、材质、制作、防腐	□符合设计文件 □不符合设计文件
		保温箱、保护箱的安装标高应符合设计文件规定,固定牢固、平正	□合格 □不合格
		集中安装的仪表、保温箱、保护箱应排列整齐、美观	□合格 □不合格
备注			
检验结论		检验人员: 年 月 日	

物位仪表安装平行检验记录

工程名称： PJ-YB-WW-01

检验部位				
检验项目			检查内容	检验记录
主控项目	1		物位取源部件、物位检测仪表的型号、规格、材质、测量范围、压力等级等应符合设计文件规定，质量证明文件齐全	□合格 □不合格
	2		物位取源部件的安装位置	□符合设计文件 □不符合设计文件
			内浮筒液位计和浮球液位计采用导向管或其他导向装置时，导向管或导向装置垂直安装，导向管内液流畅通	□合格 □不合格
			双室平衡容器垂直安装，中心点与正常液位相重合；其制造尺寸符合设计文件规定	□合格 □不合格
			单室平衡容器的安装标高	□符合设计文件 □不符合设计文件
			补偿式平衡容器安装固定时有防止热膨胀的措施	□合格 □不合格
	3	物位检测仪表安装	仪表的安装位置符合设计文件规定，安装牢固、平正，不承受非正常外力	□合格 □不合格
			浮筒液位计的安装使浮筒呈垂直状态，垂直度允许偏差为2mm/m；浮筒中心处于正常操作液位或分界液位的高度	□合格 □不合格
			钢带液位计的导向管垂直安装，钢带处于导向管的中心并滑动自如	□合格 □不合格
			雷达物位计未安装在进料口的上方，传感器垂直物料表面	□合格 □不合格
			音叉物位计的两个平行叉板与地面垂直安装	□合格 □不合格
			射频导纳物位计未安装在进料口的上方，传感器的中心探杆和屏蔽层与容器壁（或安装管）未接触，绝缘良好。安装螺纹（或法兰）与容器连接牢固、电气接触良好	□合格 □不合格

续表

检验部位			
检验项目		检查内容	检验记录
主控项目	4	仪表管道的型号、规格、材质等符合设计文件规定，质量证明文件齐全	□合格 □不合格
		当仪表管道与仪表设备连接时，连接严密，且未使仪表设备承受机械应力	□合格 □不合格
		仪表管道的安装、压力试验和泄露性试验	□符合设计文件 □不符合设计文件
		接线正确牢固，导通和绝缘性能	□合格 □不合格
	5	防爆、接地、隔离和吹洗措施	□符合设计文件 □不符合设计文件
		毛细管的辐射有保护措施，弯曲半径不小于50mm，周围温度变化剧烈时采取隔热措施	□合格 □不合格
一般项目	1	仪表的外观完整、附件齐全安装位置便于观察和操作维护	□合格 □不合格
		仪表铭牌的仪表位号标识齐全、牢固、清晰	□合格 □不合格
		仪表安装支架的规格、材质、制作、防腐检查	□合格 □不合格
		保温箱、保护箱的安装标高符合设计文件规定，固定牢固、平正	□合格 □不合格
		集中安装的仪表、保温箱、保护箱排列整齐、美观	□合格 □不合格
	2	用差压式仪表测量液位时，仪表安装高度不高于下部取压口	□合格 □不合格
备注			
检验结论		检验人员： 年 月 日	

成分分析和物性检测仪表安装平行检验记录

工程名称： PJ-YB-FX-01

检验部位			
检验项目		检查内容	检验记录
主控项目	1	分析取源部件、分析仪表的型号、规格、材质、测量范围、压力等级等应符合设计文件规定，质量证明文件齐全	□合格 □不合格
	2	分析取源部件的安装位置	□符合设计文件 □不符合设计文件
		被分析的气体内含有异相杂质时，取源部件的轴线与水平线之间的仰角大于15°	□合格 □不合格
	3	分析仪表配套的试验标准样品，数量和浓度符合设计文件规定，并应包装良好，无泄漏	□合格 □不合格
		仪表的安装位置符合设计文件规定，安装牢固、平正，不承受非正常外力	□合格 □不合格
		分析取样系统预处理装置单独安装，并靠近传感器	□合格 □不合格
		分析样品的排放设施的安装检查	□符合设计文件 □不符合设计文件
		当被检测气体的密度大于空气密度时，可燃气体检测器和有毒气体检测器距离地面的安装位置符合设计文件要求；密度小于空气密度时，检测器安装在泄漏区域的上方	□合格 □不合格
	4	仪表管道的型号、规格、材质等应符合设计文件规定，质量证明文件齐全	□合格 □不合格
		当仪表管道与仪表设备连接时，连接严密，且不使仪表设备承受机械应力	□合格 □不合格
		仪表管道的安装、压力试验和泄漏性试验检查	□符合设计文件 □不符合设计文件
		接线应正确牢固，导通和绝缘性能检查	□合格 □不合格

续表

检验部位			
检验项目		检查内容	检验记录
主控项目	5	成分分析和物性检测仪表的脱脂、防爆、接地、隔离和吹洗措施检查	□符合设计文件 □不符合设计文件
一般项目	1	仪表的外观完整、附件齐全安装位置便于观察和操作维护	□合格　□不合格
		仪表铭牌的仪表位号标识齐全、牢固、清晰	□合格　□不合格
		仪表安装支架的规格、材质、制作、防腐施工检查	□符合设计文件 □不符合设计文件
		保温箱、保护箱的安装标高应符合设计文件规定，固定牢固、平正	□合格　□不合格
		集中安装的仪表、保温箱、保护箱排列整齐、美观	□合格　□不合格
	2	取样装置、预处理装置、分析器之间安装紧凑，管路敷设简短	□合格　□不合格
		取样管道采取隔热措施以防止被测介质物性变化	□合格　□不合格
备注			
检验结论			
		检验人员：　　　　　　年　　月　　日	

机械量和其他仪表安装平行检验记录

工程名称： PJ-YB-JX-01

检验部位			
检验项目		检查内容	检验记录
主控项目	1	仪表管道的型号、规格、材质等应符合设计文件规定，质量证明文件齐全	□合格　□不合格
	2	当仪表管道与仪表设备连接时，连接严密，且不使仪表设备承受机械应力	□合格　□不合格
		电阻应变式称重仪表的安装检查	□符合规范要求 □不符合规范要求
		测量位移、振动、速度等机械量的仪表安装检查	□符合规范要求 □不符合规范要求
		安装辐射式火焰探测器时，其探头上的小孔对准火焰	□合格　□不合格
	3	仪表管道的型号、规格、材质等应符合设计规定，质量证明文件齐全	□合格　□不合格
		当仪表管道与仪表设备连接时，连接严密，且不使仪表设备承受机械应力	□合格　□不合格
		仪表管道的安装、压力试验和泄漏性试验	□符合设计文件 □不符合设计文件
		接线应正确牢固，导通和绝缘性能检查	□合格　□不合格
	4	机械量和其他检测仪表的防爆、接地、隔离和吹洗措施检查	□符合设计文件 □不符合设计文件

续表

检验部位			
检验项目		检查内容	检验记录
一般项目	1	仪表的外观完整、附件齐全安装位置便于观察和操作维护	□合格 □不合格
		仪表铭牌的仪表位号标识齐全、牢固、清晰	□合格 □不合格
		仪表安装支架的规格、材质、制作、防腐检查	□符合设计文件 □不符合设计文件
		保温箱、保护箱的安装标高符合设计文件规定，固定牢固、平正	□合格 □不合格
		集中安装的仪表、保温箱、保护箱排列整齐、美观	□合格 □不合格
	2	电子皮带秤的安装位置与落料点的距离检查	□符合设计文件 □不符合设计文件
		测力仪表的安装使被测力均匀作用到传感器受力面上	□合格 □不合格
		噪声测量仪表传声器的安装位置有防止外部磁场、机械冲击和风力烦扰的措施	□合格 □不合格
备注			
检验结论			

检验人员：　　　　　　　　年　　月　　日

电气和仪表安装

执行器安装平行检验记录

工程名称： PJ-YB-ZX-01

检验部位			
检验项目		检查内容	检验记录
主控项目	1	执行器的型号、规格、材质、测量范围、压力等级等符合设计文件规定，质量证明文件齐全	□合格 □不合格
	2	控制阀的安装位置便于观察、操作维护	□合格 □不合格
		执行机构的机械传动灵活，并无松动和卡涩现象	□合格 □不合格
		执行机构能保证调节机构在全开到全关的范围内动作灵活、平稳	□合格 □不合格
		气动及液动执行机构的连接管道有伸缩余度，无妨碍执行机构的动作	□合格 □不合格
		电磁阀线圈与阀体间的绝缘电阻符合产品技术文件的要求，安装时进出口方位正确	□合格 □不合格
	3	仪表管道的型号、规格、材质等符合设计规定，质量证明文件齐全	□合格 □不合格
		当仪表管道与仪表设备连接时，连接严密，且未使仪表设备承受机械应力	□合格 □不合格
		仪表管道的安装、压力试验和泄漏性试验	□符合设计文件 □不符合设计文件
		接线正确牢固，导通和绝缘检查	□合格 □不合格
	4	执行器的防爆、接地和隔离措施检查	□符合设计文件 □不符合设计文件

续表

检验部位			
检验项目		检查内容	检验记录
一般项目	1	仪表的外观完整、附件齐全安装位置便于观察和操作维护	□合格 □不合格
		仪表铭牌的仪表位号标识齐全、牢固、清晰	□合格 □不合格
		仪表安装支架的规格、材质、制作、防腐检查	□符合设计文件 □不符合设计文件
	2	螺纹连接的小口径控制阀安装时，装有可拆卸的活动连接件	□合格 □不合格
		当调节机构随同工艺管道产生热位移时，执行机构与调节机构的相对位置保持不变	□合格 □不合格
		液动执行机构的安装位置低于控制器或使用适当的仪表附属设备	□合格 □不合格
备注			
检验结论			

检验人员： 年 月 日

仪表线路安装平行检验记录

工程名称： PJ-YB-XL-01

检验部位			
检验项目		检查内容	检验记录
主控项目	1	当仪表线路有隔热措施和防火措施要求时的检查	□符合设计文件 □不符合设计文件
		本质安全型仪表的线路敷设、接线检查	□符合设计文件 □不符合设计文件
		电缆桥架、电缆沟或电缆导管通过不同防爆等级区域分隔间的隔壁时,充填密封措施检查	□符合设计文件 □不符合设计文件
		仪表线路从室外进入室内时,防水和封堵措施的检查;仪表线路进入室外的盘、柜、箱时,宜从底部进入,防水密封措施的检查	□符合设计文件 □不符合设计文件
	2	支架的规格、材质、结构形式应符合设计文件规定,安装应符合现行国家标准 GB 50093—2013《自动化仪表工程施工及质量验收规范》的规定	□合格 □不合格
	3	电缆桥架的型号、规格、材质的检查	□符合设计文件 □不符合设计文件
		电缆桥架的内外表面平整,内部应光洁、无毛刺,尺寸准确,配件齐全	□合格 □不合格
		金属电缆桥架保持接地连续性	□合格 □不合格
	4	电缆导管的型号、规格、材质的检查	□符合设计文件 □不符合设计文件
		电缆导管无变形或裂缝,内部清洁、无毛刺,管口光滑、无锐边	□合格 □不合格
	5	电缆、电线、光缆的信号、规格的检查	□符合设计文件 □不符合设计文件
		电缆、电线的绝缘电阻试验应采用直流 500V 兆欧表测量,100V 以下的线路应采用直流 250V 兆欧表测量,电阻值不应小于 5MΩ	□合格 □不合格
		电缆排列整齐,固定时松紧适当;绝缘层无损坏	□合格 □不合格
		光缆的连接检查	□符合规范要求 □不符合规范要求
	6	仪表接线箱的型号、规格、材质的检查	□符合设计文件 □不符合设计文件
	7	仪表电伴热带的敷设和固定的检查	□符合规范要求 □不符合规范要求

续表

检验部位			
检验项目		检查内容	检验记录
一般项目	1	仪表线路的安装位置应合理,未影响操作、通行和设备维修;与绝热的设备和管道绝热层之间的距离大于200mm,与其他设备和管道表面之间的距离大于150mm	□合格 □不合格
		仪表线路的敷设有明显标识	□合格 □不合格
	2	电缆桥架和电缆导管安装时,金属支架之间的间距宜为1.5~3.0m,在拐弯处、终端处及其他需要的位置增设支架	□合格 □不合格
		直接敷设电缆的支架间距当水平敷设时宜为0.80m;当垂直敷设时宜为1.00m	□合格 □不合格
	3	电缆桥架	电缆桥架采用平滑的半圆头螺栓连接和固定,螺母在电缆桥架的外侧,固定牢固	□合格 □不合格
			当钢制电缆桥架的直线长度大于30m、铝合金或玻璃钢电缆桥架的直线桥架的直线长度大于15m,宜采取热膨胀补偿措施	□合格 □不合格
			电缆桥架的安装横平竖直并应排列整齐;成排拐弯时弧度一致	□合格 □不合格
			电缆桥架的开孔采用机械方法,电缆引出位置有护口	□合格 □不合格
	4	电缆桥架垂直段大于2m时,在垂直段上端、下端桥架内增设固定电缆用的支架,当垂直段大于4m时,在其中部增设支架	□合格 □不合格
		电缆导管的安装横平竖直,固定牢固,电缆引出位置有护口	□合格 □不合格
		电缆导管弯曲后的角度不小于90°,弯曲处无凹陷、裂缝和明显的弯偏;单根电缆导管的直角弯不宜超过2个	□合格 □不合格
		当架空电缆导管有可能受到雨水或潮湿气体浸入时,在最低点采取排水措施	□合格 □不合格
		在有粉尘、液体、蒸汽、腐蚀性或潮湿气体位置敷设的电缆导管,其两端管口密封	□合格 □不合格

续表

检验部位			
检验项目		检查内容	检验记录
一般项目	5	埋设的电缆导管引出地面时，管口宜高出地面200mm；从地下引入落地式仪表盘、柜、台时，宜高出盘、柜、台内地面50mm	□合格 □不合格
		在电缆桥架内，交流电源线路和信号线路的隔离措施检查	□符合设计文件 □不符合设计文件
		电缆不应有中间接头，当需要时，应在接线箱或接线盒内接线，接头宜采用压接；当采用焊接时，应采用无腐蚀性的焊药；补偿导线应采用压接；同轴电缆和高频电缆应采用专用接头	□合格 □不合格
	6	明敷设的仪表信号线路与具有强电磁场的电器设备之间的净距离，宜大于1.50m；当采用屏蔽电缆或穿金属电缆导管以及在带盖的金属电缆桥架内敷设时，净距离宜大于0.80m	□合格 □不合格
		当仪表电缆与电力电缆交叉敷设时，宜成直角；仪表电缆与电力电缆的间距应符合设计文件规定	□合格 □不合格
		电缆的弯曲半径不小于其外径的10倍，光缆的弯曲半径不小于其外径的15倍	□合格 □不合格
		电缆、电线、光缆在两端、拐弯、伸缩缝、沉降缝、电缆井等部位有补偿措施	□合格 □不合格
		光缆敷设时，保持松弛弧形，并无扭结现象；敷设完毕时，光缆端头做密封防潮处理	□合格 □不合格
	7	仪表接线箱的安装位置符合设计规定，不影响操作、通行和设备维修	□合格 □不合格
		仪表接线箱标明编号，箱内接线标明线号；采取密封措施，引入口不宜朝上	□合格 □不合格
备注			
检验结论		检验人员： 年 月 日	

仪表管道安装平行检验记录

工程名称： PJ-YB-GD-01

检验部位			
检验项目		检查内容	检验记录
主控项目	1	仪表管道及阀门、管配件的型号、规格、材质检查	□符合设计文件 □不符合设计文件
		仪表管道的焊接质量的检查	□符合规范要求 □不符合规范要求
		仪表管道连接轴线一致，装配正确，与设备连接时未使仪表设备承受其他机械应力	□合格　□不合格
		隔离容器垂直安装，成对隔离容器的安装标高必须一致	□合格　□不合格
	2	测量管道 测量管道的敷设的检查	□符合设计文件 □不符合设计文件
		高温测量管道、低温测量管道敷设时采取膨胀补偿措施	□合格　□不合格
	3	气源管道采用镀锌钢管时，采用螺纹连接并密封良好，拐弯处应采用弯头	□合格　□不合格
		油压管道不得平行敷设在高温设备和管道上方，与热表面绝热层的距离应大于150mm	□合格　□不合格
	4	仪表供液系统的安装应符合产品技术文件的规定	□合格　□不合格
		仪表管道压力试验的检查	□符合规范要求 □不符合规范要求
	5	需要脱脂的仪表管道经脱脂合格	□合格　□不合格
		仪表管道埋地敷设时，经试压合格和防腐处理后埋入；直接埋地的管道连接时采用焊接，在穿过道路、沟道及进出地面处加保护套管	□合格　□不合格
		仪表管道穿越墙体、楼板或不同防爆等级区域的分隔间壁时，加装保护套管，套管内无接头，并采取充填密封措施	□合格　□不合格

续表

检验部位			
检验项目		检查内容	检验记录
一般项目	1	仪表管道的弯曲半径应满足：高压钢管宜大于管道外径的5倍，其他金属管宜大于管道外径的3.5倍，塑料管宜大于管道外径的4.5倍，弯制后应无裂纹和凹陷	□合格 □不合格
		仪表管道成排安装时，排列整齐，间距均匀，固定牢固	□合格 □不合格
		不锈钢管道固定时，未与碳钢直接接触	□合格 □不合格
		仪表管道支架固定牢固、间距均匀，并满足管路坡度的要求	□合格 □不合格
	2	测量管道与工艺设备、管道和建筑物之间的距离不小于50mm	□合格 □不合格
		测量油类和易燃易爆物质的仪表管道与热表面的距离不小于150mm	□合格 □不合格
		测量管道与微压计之间软管连接处高于仪表接头150~200mm	□合格 □不合格
	3	气动信号管道的材质检查	□符合设计文件 □不符合设计文件
		气动信号管道不宜有中间接头，必须设置时，应采用卡套式中间接头；管道终端连接件应便于拆装	□合格 □不合格
		管缆外观无变形和损伤，敷设后留有余量	□合格 □不合格
	4	贮液箱的安装位置低于回液集管，回液集管与贮液箱上的回液接头间的最小高差，宜为0.30~0.50m	□合格 □不合格
		接至液压管道，无环形弯和曲折弯	□合格 □不合格
	5	仪表的伴热形式应符合设计文件规定，伴热管道的连接宜采用焊接，固定不应过紧，应能自由伸缩	□合格 □不合格
备注			
检验结论		检验人员：	年 月 日

仪表单体调换平行检验记录

工程名称： PJ-YB-DJ-01

检验部位			
检验项目		检查内容	检验记录
主控项目	1	仪表校验单位和人员取得相应资质和资格	□符合要求 □不符合要求
	2	仪表校准和试验用的标准仪器仪表，具备有效的计量鉴定合格证明，其基本误差的绝对值不宜超过被校准仪表基本误差绝对值的1/3	□合格　□不合格
	3	仪表的单体调校的检查	□符合规范要求 □不符合规范要求
一般项目	1	仪表面板应清洁，刻度和字迹清晰	□合格　□不合格
	2	单台仪表进行校验时，及时填写校验记录	□合格　□不合格
备注			
检验结论			

检验人员：　　　　　　年　月　日

仪表联校平行检验记录

工程名称： PJ-YB-LJ-01

检验部位			
检验项目		检查内容	检验记录
主控项目	1	电源设备的带电部分与金属外壳之间的绝缘电阻，采用500V兆欧表测量，不小于5MΩ	□合格　□不合格
	2	电源输出稳定电压及带负载能力检查	□符合设计文件 □不符合设计文件
		不间断电源应进行自动切换性能试验，并应符合设计文件的规定	□符合设计文件 □不符合设计文件
		可编程序控制器、分散控制系统、现场总线控制系统的硬件试验和软件试验	□符合规范要求 □不符合规范要求
		在检测回路的信号输入端输入模拟被测变量的标准信号，回路误差	□合格　□不合格
		在温度检测回路的检测元件的输出端向回路输入电阻值或毫伏值模拟信号，回路误差	□合格　□不合格
	3	在控制回路中，通过控制器或操作站向执行器发送控制信号，检查执行器的全行程动作方向和位置正确	□合格　□不合格
		控制回路的执行器带定位器时应同时试验	□合格　□不合格
		当控制回路中的控制器或操作站上有执行器的开度和起点、终点信号显示时，应同时检查试验开度和起点、终点信号的正确性	□合格　□不合格
		报警系统中有报警信号的仪表设备，检测报警开关，仪表的报警输出点，应根据设计文件规定的设定值进行整定	□合格　□不合格
		在报警回路的信号发生端模拟输入信号，检查报警灯光、音响和屏幕显示应正确	□合格　□不合格
		报警的消音、复位和记录功能应正确	□合格　□不合格

续表

检验部位			
检验项目		检查内容	检验记录
主控项目	4	程序控制系统和联锁系统有关装置的硬件和软件功能试验、系统相关的回路试验已完成	□合格 □不合格
		系统中的各相关仪表和部件的动作设定值的整定值符合设计文件规定	□合格 □不合格
		程序控制系统的试验应按照程序设计的步骤逐步检查试验,其条件评定、逻辑关系、动作时间和输出状态等符合设计文件的规定	□合格 □不合格
	5	通电前应确认系统的绝缘电阻值合格,接地系统工作正常	□合格 □不合格
		通电检查全部探测器、区域报警控制器、集中报警控制器、火灾警报装置和消防控制设备等工作状态符合设计文件规定,运行正常	□合格 □不合格
		系统的自检功能、消音、复位功能、故障报警功能、火灾优先功能、报警记忆功能符合设计文件规定	□合格 □不合格
		系统的各项检测、控制和联动功能符合设计文件规定	□合格 □不合格
	6	仪表设备的整定值应符合设计文件规定	□合格 □不合格
		报警灯光、音响和屏幕应显示正确、消音、复位和记录功能正确	□合格 □不合格
		各项通信技术指标符合设计文件规定	□合格 □不合格
一般项目	1	组成回路的各仪表的单体校验已经完成,安装正确牢固	□合格 □不合格
	2	仪表线路和仪表管路的连接正确完整;回路电源、气源和液压源的供给符合仪表运行的需要	□合格 □不合格
	3	人机界面良好,操作使用和维护方便	□合格 □不合格
备注			
检验结论		检验人员: 年 月 日	

防爆设备附件安装旁站记录

工程名称： PZ-YB-FBSB-01

防爆设备附件安装	位置/区域	施工单位	
旁站开始时间		旁站结束时间	

防爆设备附件安装情况：

发现问题及处理情况：

旁站监理人员（签字）： 年 月 日

控制回路旁站记录

工程名称： PZ-YB-HLSY-01

控制回路试验	位号		施工单位	
旁站开始时间			旁站结束时间	

控制回路试验情况：

一、旁站部位：

_____回路中的仪表设备、装置和线路管道等各项调试前工作完毕，已具备该控制回路试验条件。

二、试验前准备工作：

1. 试验班组负责人到场情况。　　　　　　　（已到场□　未到场□）
2. 试验设备已经报验，并符合试验要求。　　（符合要求□　不符合□）

三、实验情况：

1. 控制器和执行器的作用方向是否符合设计文件要求。（符合□　不符合□）
2. 执行器的全行程动作方向和位置是否正确。　　（正确□　不正确□）
3. 控制器或操作站上有执行性的开度和起点、终点信号显示时的检查。
　　　　　　　　　　　　　　　　　　　　　　　（合格□　不合格□）
4. 控制回路试验过程是否按照规范进行。　　　　（是□　　不是□）
5. 试验结论：　　　　　　　　　　　　　　　　（合格□　不合格□）

其他情况：

发现问题及处理情况：

旁站监理人员（签字）：　　　　　年　　月　　日

程序控制系统和联锁系统试验旁站记录

工程名称： PZ-YB-XTSY-01

系统试验		施工单位	
旁站开始时间		旁站结束时间	

系统试验情况：

一、旁站部位：

_____系统中的有关装置的硬件和软件功能试验已完成，系统相关回路试验已完成，系统相关仪表、部件的动作设定值已按设计文件要求进行整定，已具备该系统试验条件。

二、试验前准备工作：

1. 试验班组负责人到场情况。　　　　　　　　　（已到场☐　未到场☐）
2. 试验设备已经报验，并符合试验要求。　　　　（符合要求☐　不符合☐）

三、试验情况：

1. 系统试验按照程序设计的步骤逐步进行。　　　（合格☐　　　不合格☐）
2. 系统中的条件判定、逻辑关系、动作时间和输出状态是否符合设计文件规定。　（合格☐　　　不合格☐）
3. 系统试验过程是否按照规范进行。　　　　　　（是☐　　　　不是☐）
4. 试验结论：
5. 其他：

发现问题及处理情况：

旁站监理人员（签字）：　　　　　年　　月　　日

火灾报警系统试验旁站记录

工程名称： PZ-YB-XTSY-01

火灾报警试验		施工单位	
旁站开始时间		旁站结束时间	

火灾报警试验情况：
一、旁站部位：
＿＿＿＿＿＿＿＿系统绝缘电阻合格，接地系统工作正常，已具备通电条件。
二、试验前准备工作：
1. 试验班组负责人到场情况。　　　　　　　　（已到场□　未到场□）
2. 试验设备已经报验，并符合试验要求。　　　（符合要求□　不符合□）
三、试验情况：
1. 探测器、区域报警控制器、集中报警控制器、火灾报警装置和消防控制设备等工作状态符合设计文件要求，运行正常。　　　　（合格□　不合格□）
2. 系统的自检、消音、复位、故障报警、火灾优先、报警记忆功能符合设计文件规定。
　　　　　　　　　　　　　　　　　　　　　　（合格□　不合格□）
3. 系统的各项检测、控制、联动功能符合设计文件要求。（合格□　不合格□）
4. 试验结论：
5. 其他：

发现问题及处理情况：

旁站监理人员（签字）：　　　　　年　　月　　日

附录二 电气装置安装工程标准化监理类

材料进场平行检验记录

工程名称： PJ-DQ-CL-01

材料名称					
检验项目		检查内容			结果
资料检查	报审表				
	自检清单	质检员签字是否符合要求			
	规格及数量	规格	数量	生产批号	其他	——
						——
						——
						——
						——
						——
	质量证明文件	出厂合格证□ 质量证明文件□			
		是否符合设计文件的要求			
实物检查	符合性	规格与数量是否与报验清单相符			
		合格证是否与质量证明文件对应厂家相符			
	外观质量	包装应完好，无破损			
		识别标志应清晰、牢固，并与实物相符			
		外观完好，附件及配件齐全			
		其他：			

检验结果：
依据：□ SY 4206—2007《石油天然气建设工程施工质量验收规范 电气工程》
　　　□ GB 50257—2014《电气装置安装工程 爆炸和火灾危险环境电气装置施工及验收规范》
　　　□ GB 50168—2006《电气装置安装工程 电缆线路施工及验收规范》
　　　□ GB 50169—2016《电气装置安装工程 接地装置施工及验收规范》
　　　其他：_____

经检验，不合格_____项，不合格编号_____，不符合_____条规定。

　　　　　　　　　　　　　　检验人员（签字）：　　　　　年　月　日

电缆敷设工程平行检验记录

工程名称： PJ-DQ-DL-01

检验部位			
检验项目	序号	检验内容	检验记录
主控项目	1	电缆规格、型号应符合设计要求，并具有产品技术质量证明文件，电缆试验应符合 GB 50150—2016 的规定	合格□ 不合格□
	2	电缆敷设时，不应有扭绞、压扁、保护层断裂和表面严重划伤等现象；电缆不应平行敷设在管道上、下方，与各种工艺管线交叉跨越距离以及与易燃易爆气体管道、热力管道的距离应符合 GB 50168—2006 或 GB 50303—2015 的规定	合格□ 不合格□
	3	爆炸、火灾危险环境使用的电缆，其规格、型号应符合设计规定	合格□ 不合格□
	4	金属电缆支架、桥架及其引入、引出的金属导管应接地（PE）可靠，金属电缆桥架及其支架全长不应少于2处与接地（PE）干线相连。非镀锌电缆桥架间连接板的两端跨接铜芯接地线，接地线最小允许截面积不小于4mm^2，镀锌电缆桥架间连接板的两端不应跨接接地线，但连接板两端应有不少于2个防松螺帽或防松垫圈的连接固定螺栓	合格□ 不合格□
一般项目	1 电缆支、托架安装的质量要求	支架、托架焊接应牢固、横平竖直，无显著变形	合格□ 不合格□
		支架、托架切口处应无卷边、毛刺，其长度一致	合格□ 不合格□
		支架层间距及支架距离应符合设计及 GB 50303—2015 的要求，成排安装的电缆支架高差不应大于5mm	合格□ 不合格□
		支架、托架防腐处理应完整，油漆完好，颜色一致	合格□ 不合格□
		支架、托架全长均应接地良好	合格□ 不合格□

续表

检验部位				
检验项目	序号		检验内容	检验记录
一般项目	2	电缆桥架安装的质量要求	桥架安装位置应正确，且安装牢固	合格□ 不合格□
			拐角内侧应无直角，成排时弧度一致	合格□ 不合格□
			应按照设计要求参照 GB 50303—2015 针对不同材质的桥架设置伸缩节，电缆桥架跨越建筑物变形缝处应设置补偿装置	合格□ 不合格□
			桥架盖板安装牢固，拆卸方便	合格□ 不合格□
			螺栓连接应牢固，螺母应在槽外侧	合格□ 不合格□
			防腐完整，应按照设计要求参照 GB 50303—2015 针对不同材质的桥架进行接地连接，当铝合金、不锈钢桥架与钢支架固定时，应有防电化腐蚀措施	合格□ 不合格□
	3	电缆敷设的质量要求	电缆敷设应排列整齐，固定牢固，不宜交叉，并留有余量	合格□ 不合格□
			控制电缆中间不应有接头	合格□ 不合格□
			电缆进入电缆沟、隧道、建筑物以及穿管进入口应封闭	合格□ 不合格□
			电缆穿越公路、建筑物时应装设导管	合格□ 不合格□
			直埋电缆的上、下部应铺以不小于100mm厚的软土或沙层，并加盖保护板，其覆盖宽度应超过电缆两侧各50mm，保护板可采用混凝土盖板或砖块。软土或沙子中不应有石块或其他硬质杂物。直埋电缆回填土时，应分层夯实	合格□ 不合格□
			爆炸、火灾危险环境电缆敷设符合设计文件及标准规范要求	合格□ 不合格□
			电缆最小允许弯曲半径与电缆外径的比值：控制电缆与橡皮绝缘电力电缆、聚氯乙烯绝缘电力电缆不应小于10；多芯交联聚乙烯绝缘电力电缆不应小于15，单芯交联聚乙烯绝缘电力电缆不应小于20	合格□ 不合格□

续表

检验部位				
检验项目	序号		检验内容	检验记录
一般项目	4	终端电缆头制作的质量要求	电缆头芯线应连接紧密,相位一致	合格□ 不合格□
			冷、热缩电缆头制作应符合产品技术要求	合格□ 不合格□
			电缆头固定应牢固,排列应整齐,金属护层接地应良好	合格□ 不合格□
			在防爆区域使用填料函时,填料函的选用规格应合适,电缆的金属防护层与填料函之间应压紧	合格□ 不合格□
			电线、电缆的回路标记应清晰,编号应准确	合格□ 不合格□
	5	中间电缆接头制作的质量要求	制作前应检查电缆型号、规格、电压等级,均应符合设计规定;绝缘应良好;电缆中间接头盒及其配件应齐全、无损伤	合格□ 不合格□
			电缆中间接头制作工艺应符合工艺规程规定,连接管压模尺寸应与芯线规格相符,外观应完好	合格□ 不合格□
			接地线与电缆屏蔽层、铠装层连接应符合GB 50168—2006 的要求,锡焊外观应平整,无毛刺	合格□ 不合格□
备注				
检验结论				

检验人员： 年 月 日

管配线工程平行检验记录

工程名称： PJ-DQ-GPX-01

检验部位				
项目	序号	检验内容	检验记录	
主控项目	1	金属导管不应对口熔焊连接。配线的材质、适用场所及连接应符合设计及 GB 50303—2015 的要求	合格□	不合格□
一般项目	1	电缆(线)导管安装的质量要求		
		电缆导管不应有穿孔、裂缝和严重腐蚀	合格□	不合格□
		支架排列应整齐，安装应牢固	合格□	不合格□
		导管敷设应横平竖直，固定牢固，并列敷设时管口应高低一致	合格□	不合格□
		每根电缆管的弯头不应超过三个，直角弯不应超过二个。电缆管在弯制后，不应有裂缝和显著的凹瘪现象，其弯扁程度不宜大于管子外径的10%，弯曲半径不应小于所穿电缆最小弯曲半径	合格□	不合格□
		金属管口应无毛刺、棱角，宜做成喇叭形或安装塑料保护套	合格□	不合格□
		穿过建筑变形缝处应有补偿装置	合格□	不合格□
		电缆管的内径至少是电缆外径的1.5倍；混凝土管、陶土管、石棉水泥管内径除应满足上述要求外，且内径不宜小于100mm	合格□	不合格□
		非镀锌钢质导管应在外表涂防腐漆或涂沥青，镀锌管锌层剥落处也应涂以防腐漆	合格□	不合格□

续表

检验部位				
项目	序号		检验内容	检验记录
一般项目	2	导管连接的质量要求	导管连接应牢固，密封应良好，两管口应对准。套接的短套管或带螺纹的管接头的长度，不应小于导管外径的2.2倍。金属导管不宜直接对焊	合格□　不合格□
			硬质塑料管在套接或插接时，其插入深度宜为管子内径的1.1~1.8倍。在插接面上应涂以胶合剂粘牢密封；采用套接时套管两端应封焊	合格□　不合格□
	3	导管明敷的质量要求	导管应安装牢固；导管支持点间的距离，当设计无规定时，不宜超过3m	合格□　不合格□
			当塑料管的直线长度超过30m时，宜加装伸缩节	合格□　不合格□
			接地线与电缆屏蔽层、铠装层连接应符合GB 50168—2006的要求，锡焊外观应平整，无毛刺	合格□　不合格□

备注

检验结论

检验人员：　　　　　　　　　　　年　月　日

电力变压器安装工程平行检验记录

工程名称： PJ-DQ-GYDQ-01

检验部位			
检验项目		检查内容	检验记录
主控项目	1	变压器及其附件的试验调整应符合 GB 50150—2016 的规定	合格□ 不合格□
	2	变压器器身检查应符合 GB 50148—2010 的规定，除制造厂规定不检查器身或就地生产仅做短途运输的变压器，且在运输过程中有效监督，无紧急制动、剧烈振动、冲撞、严重颠簸等异常情况者，变压器应按产品技术质量证明文件要求进行器身检查	合格□ 不合格□
	3	并列运行的变压器电压比应相等，仅允许相差±0.5%；结线组别应相同；阻抗电压的百分值应相等，仅允许相差±10%；容量比不应超过 3:1	合格□ 不合格□
	4	变压器用绝缘油应符合 GB 50150—2016 的规定	合格□ 不合格□
	5	配电变压器低压侧中性点应与接地装置引出的接地干线直接连接，变压器箱体、干式变压器的支架或外壳应接地（PE），所有连接应可靠，紧固件及防松零件齐全	合格□ 不合格□
一般项目	1	油浸变压器本体及附件安装的质量要求	安装位置应正确，装有气体继电器的变压器，应使其顶盖沿气体继电器气流方向有 1%~1.5% 的升高坡度（制造厂规定不需安装坡度继电器者除外）	合格□ 不合格□
			变压器油加注时应符合 GB 50148—2010 的有关要求，加注油标号正确，油位指示应符合要求	合格□ 不合格□
			器身应干净，无渗油，油漆应完好	合格□ 不合格□
			与器身直接连通的附件内部应清洗干净，安装牢固	合格□ 不合格□

续表

检验部位				
检验项目			检查内容	检验记录
一般项目	1	油浸变压器本体及附件安装的质量要求	调压分接开关转动应灵活，接触应良好，位置应正确	合格□ 不合格□
			冷却装置应无渗漏，风机固定应牢靠，转向应正确，转动应灵活	合格□ 不合格□
			高、低压套管应清洁，无裂纹、伤痕、渗漏	合格□ 不合格□
			测温装置动作应准确	合格□ 不合格□
	2	变压器线路连接的质量要求	线路与套管连接应紧密，螺栓锁紧装置应齐全，瓷套管不应承受外力	合格□ 不合格□
			器身各附件间连接导线应排列整齐，且有保护措施，接线盒应密封良好	合格□ 不合格□
备注				
检验结论				

检验人员： 　　　　　　　　　　　　年　　月　　日

断路器安装工程平行检验记录

工程名称： PJ-DQ-GYDQ-02

检验部位			
检验项目		检查内容	检验记录
主控项目	1	断路器型号及规格应符合设计要求，断路器的电气试验调整结果应符合 GB 50150—2016 的规定	合格□ 不合格□
	2	油断路器注入断路器的绝缘油应合格	合格□ 不合格□
	3	六氟化硫断路器充有六氟化硫气体的部件，其压力值应符合 GB 50150—2016 的规定	合格□ 不合格□
一般项目	1	断路器安装及接线检查	断路器安装应垂直，固定应牢靠，排列应整齐	合格□ 不合格□
			断路器瓷件表面应清洁，无裂纹	合格□ 不合格□
			操动机构应固定牢靠，外表应清洁、完整	合格□ 不合格□
			油断路器应无渗油现象，油位正常	合格□ 不合格□
			六氟化硫断路器应充有额定压力的六氟化硫气体，泄漏率和含水量应符合规定	合格□ 不合格□
			位置指示器动作应正确，分闸、合闸应正常，无卡阻。	合格□ 不合格□
			接线端子的接触面应涂以薄层电力复合脂	合格□ 不合格□
			铜铝接线时有过渡措施接线端子不受应力，硬母线连接时应有过渡措施	合格□ 不合格□
			连接螺栓应齐全、紧固，紧固力矩符合 GB 50149—2010 的有关规定	合格□ 不合格□
	2	接地检查	设备及支架接地线固定应可靠、接触应良好	合格□ 不合格□
			支架及接地线防腐应完整、无遗漏	合格□ 不合格□
			油漆应完好，色标应正确	合格□ 不合格□
备注			
检验结论			

检验人员： 年 月 日

隔离开关、负荷开关及高压熔断器安装工程平行检验记录

工程名称： PJ-DQ-GYDQ-03

检验部位				
检验项目			检查内容	检验记录
主控项目	1		隔离开关型号、规格应符合设计要求	合格□ 不合格□
	2		隔离开关电气试验调整应符合 GB 50150—2016 的规定	合格□ 不合格□
一般项目	1	隔离开关安装的质量要求	相间连杆应在同一水平线上，触头应相互对准，接触应良好	合格□ 不合格□
			绝缘子应清洁，无裂纹和机械损伤	合格□ 不合格□
			均压环（罩）和屏蔽环（罩）应安装牢固、平整	合格□ 不合格□
			110kV 及以下隔离开关安装相间距离允许偏差为 10mm，110kV 以上允许偏差为 20mm	合格□ 不合格□
			三相隔离开关触头不同期允许值：10k~35kV 允许偏差为 5mm；63k~110kV 允许偏差为 10mm；220kV 允许偏差为 20mm	合格□ 不合格□
	2	负荷开关安装的质量要求	合闸时，主固定触头应可靠地与主刀刃接触；分闸时，三相灭弧刀刃应同时跳开	合格□ 不合格□
			灭弧筒内有机绝缘物应完整无裂纹，灭弧触头与灭弧筒的间隙应符合要求	合格□ 不合格□
			三相同期性和分闸时的触头间净距及拉开角度应符合产品技术要求	合格□ 不合格□
			带油的负荷开关油箱应内外清洁，油箱内油合格，并无渗漏	合格□ 不合格□
	3	传动装置安装的质量要求	传动部件安装位置应正确，固定牢靠；与带电部分的距离应符合 GB 50149—2010 的有关规定	合格□ 不合格□
			齿轮应咬合准确，操作轻便灵活	合格□ 不合格□
			所有传动部分应涂适合当地气候的润滑脂	合格□ 不合格□
	4	操作机构安装的质量要求	机构安装应牢固，同一轴线上的机构安装位置应一致	合格□ 不合格□
			机构动作应平稳，无卡阻、冲击等异常情况	合格□ 不合格□
			限位装置应准确、可靠，位置正确，到达规定分闸、合闸极限位置时应可靠切除电、气源	合格□ 不合格□
			机构密封应良好，不应渗油、漏气	合格□ 不合格□

续表

检验部位			
检验项目		检查内容	检验记录
一般项目	5 闭锁装置安装的质量要求	闭锁装置应动作灵活，准确可靠	合格□ 不合格□
		辅助切换接点安装应牢固，动作应准确，接触应良好	合格□ 不合格□
		带接地刀刃的隔离开关，接地刀刃与主触头间闭锁应准确可靠	合格□ 不合格□
	6 导电部分的质量要求	触头表面应平整、清洁，无氧化膜	合格□ 不合格□
		载流部分表面应无凹陷及锈蚀	合格□ 不合格□
		触头间应接触紧密，两侧的接触压力应均匀	合格□ 不合格□
		设备接线端子应涂电力复合脂	合格□ 不合格□
		导电接触面应符合设计文件及标准规范的规定	合格□ 不合格□
	7 高压熔断器安装的质量要求	带钳口的熔断器，其熔丝管应紧密地插入钳口内	合格□ 不合格□
		装有动作指示器的熔断器，应便于检查指示器动作情况	合格□ 不合格□
		跌落式熔断器的有机绝缘物应无裂纹、变形	合格□ 不合格□
		熔断器熔丝应符合设计要求	合格□ 不合格□
	5 接地检查	设备及支架接地线固定应可靠、接触应良好	合格□ 不合格□
		支架及接地线防腐应完整、无遗漏	合格□ 不合格□
		油漆应完好，色标应正确	合格□ 不合格□

备注	
检验结论	

检验人员： 年 月 日

干式电抗器安装工程平行检验记录

工程名称： PJ-DQ-GYDQ-04

检验部位				
检验项目			检查内容	检验记录
主控项目	1		电抗器型号和规格应符合设计要求,并有产品技术质量证明文件	合格□ 不合格□
	2		电抗器的试验应符合 GB 50150—2016 的规定,交接试验合格后才能通电	合格□ 不合格□
一般项目	1	电抗器外观的质量要求	支柱绝缘子应完整无裂纹,固定牢靠	合格□ 不合格□
			线圈应无变形,无损伤,绝缘应完好	合格□ 不合格□
			混凝土电抗器的风道应清洁无杂物	合格□ 不合格□
			各部油漆应完好,无脱落	合格□ 不合格□
	2	电抗器线圈绕向的质量要求	三相垂直排列时,中间一相线圈的绕向应与上、下两相相反	合格□ 不合格□
			两相重叠一相并列时,重叠的两相绕向应相反,另一相与上面一相绕向应相同	合格□ 不合格□
			三相水平排列时,三相绕向应相同	合格□ 不合格□
			成套安装时,电抗器的排列顺序应符合出厂时的配合顺序	合格□ 不合格□
	3	设备连接与间隔的质量要求	当额定电流为1500A及以上时,设备与母线的连接螺栓应为非磁性金属材料	合格□ 不合格□
			电抗器间隔内,所有磁性材料的部件应固定可靠	合格□ 不合格□
	4	电抗器的支柱绝缘子接地的质量要求	上、下重叠安装时,底层的所有支柱绝缘子均应接地,其余的不接地	合格□ 不合格□
			每相单独安装时,每相支柱绝缘子均应接地	合格□ 不合格□
			支柱绝缘子的接地线不应构成闭合环路	合格□ 不合格□
备注				
检验结论				

检验人员： 年 月 日

避雷器安装工程平行检验记录

工程名称： PJ-DQ-GYDQ-05

检验部位				
检验项目			检查内容	检验记录
主控项目	1		避雷器型号、规格应符合设计要求，并有产品技术质量证明文件	合格□　不合格□
	2		避雷器的电气试验应符合 GB 50150—2016 的规定，交接试验合格后才能通电	合格□　不合格□
一般项目	1	避雷器外观的质量要求	瓷套与铁法兰间的黏合应牢固，法兰泄水孔应通畅，且无裂纹破损	合格□　不合格□
			磁吹阀式避雷器的防爆片应无损坏和裂纹	合格□　不合格□
			金属氧化物避雷器的安全装置应完整无损	合格□　不合格□
	2	避雷器安装的质量要求	安装应垂直，并应符合产品技术要求	合格□　不合格□
			组合单元应经试验合格，底座和拉紧绝缘子绝缘应良好	合格□　不合格□
			相间中心距离误差不应大于 10mm	合格□　不合格□
	3	均压环与放电计数器安装的质量要求	均压环安装应水平，不应歪斜	合格□　不合格□
			放电计数器应密封良好，动作可靠	合格□　不合格□
			放电计数器安装位置应一致，且便于观察	合格□　不合格□
			放电计数器接地应可靠	合格□　不合格□

续表

检验部位				
检验项目			检查内容	检验记录
一般项目	4	排气式避雷器安装的质量要求	应在管体的闭口端固定，开口端应指向下方	合格□ 不合格□
			安装方位应正确，排出的气体不应引起相间或对地闪络	合格□ 不合格□
			避雷器及其支架安装应牢固	合格□ 不合格□
			无续流避雷器的高压引线与被保护设备的连接线长度应符合产品技术要求	合格□ 不合格□
			排气式避雷器倾斜安装时，其轴线与水平方向的夹角，对于普通式不应小于15°，无续流式不应小于45°	合格□ 不合格□
	5	隔离间隙安装的质量要求	铁质材料制作的电极应镀锌	合格□ 不合格□
			隔离间隙应水平安装，安装应牢固	合格□ 不合格□
			隔离间隙距离应符合产品技术要求	合格□ 不合格□
			无续流排气式避雷器的隔离间隔应符合产品技术要求	合格□ 不合格□
			隔离间隙轴线与避雷器管体轴线的夹角不应小于45°	合格□ 不合格□
备注				
检验结论				

检验人员： 年 月 日

电容器组工程平行检验记录

工程名称： PJ-DQ-GYDQ-06

检验部位			
检验项目		检查内容	检验记录
主控项目	1	电容器的电气试验应符合 GB 50150—2016 的规定，交接试验合格后才能通电	合格□ 不合格□
	2	电容器型号、规格应符合设计要求，并有产品技术质量证明文件	合格□ 不合格□
	3	成组安装的电容器三相电容量最大与最小的差值不应超过三相平均电容值的5%	合格□ 不合格□
一般项目	1	电容器外观的质量要求	套管、芯棒应无弯曲或滑扣	合格□ 不合格□
			引出线端连接用螺母垫圈应齐全	合格□ 不合格□
			外壳应无显著变形、锈蚀、渗油	合格□ 不合格□
	2	电容器组安装的质量要求	柜、架安装应平正、牢固，油漆应完好	合格□ 不合格□
			配置应使铭牌面向通道一侧，并应有顺序编号	合格□ 不合格□
			接线应符合设计要求，对称一致，整齐美观，母线相色应正确	合格□ 不合格□
			凡不与地绝缘的每个电容器的外壳及电容器的构架均应接地；凡与地绝缘的电容器的外壳均应接到固定的电位上	合格□ 不合格□
	3	耦合电容器的质量要求	安装应平正，外壳应清洁、无渗漏，无裂纹和缺损	合格□ 不合格□
			顶盖螺栓不应松动，电容器引线不应受过大横向拉力	合格□ 不合格□
			两节或多节耦合电容器叠装时，应按制造厂编号顺序排列	合格□ 不合格□
备注			
检验结论			

检验人员： 年 月 日

母线安装工程平行检验记录

工程名称： PJ-DQ-GYDQ-07

检验部位			
检验项目		检查内容	检验记录
主控项目	1	母线支架和封闭、插接式母线的外壳接地（PE）连接完成，母线绝缘电阻测试和交流工频耐压试验合格后才能通电	合格□　不合格□
	2	母线规格、型号应符合设计要求，高压绝缘子和穿墙套管的电气试验应符合 GB 50150—2016 的规定，且应有产品技术质量证明文件	合格□　不合格□
	3	注入套管内的绝缘油试验应符合 GB 50150—2016 的规定	合格□　不合格□
	4	母线与母线或母线与电器接线端子，当采用螺栓连接时，搭接面及搭接尺寸应符合规定	合格□　不合格□
	5	室内外裸母线安全净距应符合 GB 50149—2010 的规定	合格□　不合格□
	6	母线搭接螺栓的拧紧力矩应符合 GB 50303—2015 的规定	合格□　不合格□
	7	绝缘子的底座、套管的法兰、保护网（罩）及母线支架等可接近裸露导体应接地（PE）可靠，并不应作为接地（PE）的接续导体	合格□　不合格□
一般项目	1　支架及绝缘子安装的质量要求	金属支架焊接应良好，不应有砂眼、气孔等缺陷	合格□　不合格□
		绝缘子固定应牢靠，安装应横平竖直	合格□　不合格□
		成排排列的绝缘子应排列整齐，间距均匀	合格□　不合格□
		防腐处理应完整，油漆应完好	合格□　不合格□
		绝缘子应清洁，无裂纹	合格□　不合格□
	2　硬母线安装的质量要求	母线应光洁、平整，不应有裂纹、凹坑、缺肉等缺陷	合格□　不合格□
		母线安装应平直、整齐，线间距应一致	合格□　不合格□
		母线固定金具与支柱绝缘子间的固定应平整牢固，不应使其所支持的母线受到额外应力，交流母线的固定金具或其他支持金具不应构成闭合磁路	合格□　不合格□

续表

检验部位			
检验项目		检查内容	检验记录
一般项目	2 硬母线安装的质量要求	母线按设计要求应安装伸缩节，伸缩节应无裂纹、断股	合格□ 不合格□
		母线弯曲处不应有裂纹和折皱，多片母线其弯曲程度应一致	合格□ 不合格□
		母线相色应正确	合格□ 不合格□
	3 隔板及瓷套管安装的质量要求	安装应平整、牢固，套管应清洁无裂纹，间距应均匀	合格□ 不合格□
		电流在1500A及以上的套管直接固定在钢板上时，套管周围不应构成闭合磁路	合格□ 不合格□
		电流在600A及以上母线式套管端部的金属夹板应选用非磁性材料	合格□ 不合格□
		充油套管水平安装时，其储油柜及取油样管路应无渗漏	合格□ 不合格□
	4 软母线安装的质量要求	软母线不应有扭结、松股、断股、损伤及严重锈蚀等缺陷	合格□ 不合格□
		软母线配套金具规格应相符，零配件应齐全	合格□ 不合格□
		软母线和组合导线在档距内不应有接头	合格□ 不合格□
		同一档距内，三相母线驰度应一致	合格□ 不合格□
	5 母线焊接的质量要求	焊接材料应与母材匹配，焊接材料和母材坡口两侧表面50mm范围内应清洁无氧化层	合格□ 不合格□
		焊后母线的弯折度不应大于母线全长的0.2%	合格□ 不合格□
		焊缝外观应良好，焊缝加强高度应为2~4mm	合格□ 不合格□

续表

检验部位				
检验项目			检查内容	检验记录
一般项目	6	母线与其他设备搭接的质量要求	铜与铜：室外、高温且潮湿或对母线有腐蚀性气体的室内，应搪锡，在干燥的室内可直接连接	合格□　不合格□
			铝与铝：直接连接	合格□　不合格□
			钢与钢：应搪锡或镀锌，不应直接连接	合格□　不合格□
			铜与铝：在干燥的室内，铜导体应搪锡，室外或空气相对湿度接近100%的室内，应采用铜铝过渡板，铜端应搪锡	合格□　不合格□
			钢与铜或铝：钢搭接面应搪锡	合格□　不合格□
			封闭母线螺栓固定搭接面应镀银	合格□　不合格□
	7	接地与防腐的质量要求	母线支、构架及非带电金属部件，接地连接应紧密牢固，接触良好	合格□　不合格□
			防腐处理应完整，油漆应完好。色标应正确，涂刷时不应污染瓷件和建筑物	合格□　不合格□

备注	

检验结论	

检验人员：　　　　　　　　　　　　年　　月　　日

盘柜安装工程平行检验记录

工程名称： PJ-DQ-PG-01

检验部位				
检验项目			检查内容	检验记录
主控项目	1		盘、柜的型号和规格应符合设计要求，并且应有产品技术质量证明文件	合格□ 不合格□
	2		接地（PE）连接完成后，应核对柜、屏、台、箱、盘内的元件规格、型号，且交接试验合格才能投入试运行	合格□ 不合格□
一般项目	1	基础型钢安装的质量要求	基础型钢不直度每米允许偏差应小于1mm，全长允许偏差应小于5mm	合格□ 不合格□
			基础型钢水平度每米允许偏差应小于1mm，全长允许偏差应小于5mm	合格□ 不合格□
			位置误差及不平行度全长允许偏差应小于5mm	合格□ 不合格□
			基础型钢顶部宜高出抹平地面10mm；手车式成套柜应按产品技术要求执行	合格□ 不合格□
	2	盘柜安装的质量要求	盘柜及柜内设备与各构件间连接应牢固	合格□ 不合格□
			主控盘、继电保护盘和自动装置盘不宜与基础型钢焊死，应采用螺栓连接	合格□ 不合格□
			盘、柜正面标志牌模拟线应齐全，回路标志应正确，字迹应清晰、工整	合格□ 不合格□
			盘、柜内母线安装应符合 SY 4206—2007 10 章的有关规定	合格□ 不合格□
			垂直度偏差：每米应小于 1.5mm	合格□ 不合格□
			盘面偏差：相邻两盘边偏差应小于 1mm，成列盘面偏差应小于 5mm	合格□ 不合格□
			水平偏差：相邻两盘顶部偏差应小于 2mm，成列盘顶部偏差应小于 5mm	合格□ 不合格□
			盘间接缝应小于 2mm	合格□ 不合格□
备注				
检验结论				

检验人员： 年 月 日

二次接线工程平行检验记录

工程名称： PJ-DQ-ECJX-01

检验部位				
检验项目			检查内容	检验记录
主控项目	1		导线型号、规格应符合设计要求，导线间及对地绝缘电阻值应符合 GB 50150—2016 规定	合格□ 不合格□
	2		二次回路及其相关元器件均应按相关技术规程、规定进行试验调整合格	合格□ 不合格□
一般项目	1	二次回路结线的质量要求	结线应正确，配线应整齐、美观，导线绝缘应良好，无损伤	合格□ 不合格□
			导线连接应牢固可靠，接触良好，绕向与螺纹方向一致	合格□ 不合格□
			盘、柜内的导线不应有接头，导线芯线应无损伤	合格□ 不合格□
			电缆芯线及所配导线的端部编号应正确，字迹应清晰、工整，且不易褪色	合格□ 不合格□
	2	引入盘、柜内的电缆及芯线的质量要求	电缆排列应整齐，不交叉，固定应牢靠，端子板不应承受机械应力	合格□ 不合格□
			铠装电缆进入盘柜后，应将钢带切断，切断处的端部应扎紧并将刚带可靠接地	合格□ 不合格□
			橡胶电缆芯线应外套绝缘导管	合格□ 不合格□
			逻辑电路的控制电缆应采用屏蔽电缆，其屏蔽层应按设计要求的方式接地	合格□ 不合格□
			强、弱电回路，交、直流回路不应使用同一根电缆，并应分别成束排列	合格□ 不合格□
备注				
检验结论				

检验人员： 年 月 日

接地安装工程平行检验记录

工程名称：　　　　　　　　　　　　　　　　　　　　　　　PJ-DQ-JD-01

检验部位				
检验项目			检查内容	检验记录
主控项目	1		接地装置及避雷针（带、网）的接地方式和接地电阻值应符合设计要求	合格□　不合格□
	2		接至电气设备、器具的接地分支线，应直接与干线相连，不应串联连接	合格□　不合格□
一般项目	1	接地装置敷设的质量要求	接地体引出线的垂直部分和焊接部位应进行防腐处理	合格□　不合格□
			在易发生机械损伤和化学腐蚀处，敷设接地线应有保护措施	合格□　不合格□
			接地线明敷应平直牢固，固定间距应符合GB 50169—2016 的规定	合格□　不合格□
			跨越建筑物伸缩缝、沉降缝时，应采取补偿措施	合格□　不合格□
			倾斜地形应沿等高线敷设，设计为环形时，安装仍应保持环形	合格□　不合格□
			接地体顶面埋设深度应符合设计规定。当无规定时，不宜小于0.6m	合格□　不合格□
			接地体与建筑物间距不应小于1.5m	合格□　不合格□
			垂直接地体间距与其长度的比值不应小于2，当设计无规定时，水平接地体间距不应小于5m	合格□　不合格□
	2	接地体（线）连接的质量要求	接地体（线）的连接应采用焊接。焊接连接的焊缝应连续、饱满，无裂纹及咬肉等缺陷	合格□　不合格□
			螺栓连接应紧密、牢固，有防松措施并涂电力复合脂	合格□　不合格□
			圆钢搭接应双面施焊，扁钢搭接应至少三面施焊	合格□　不合格□
			接地线焊接搭接长度符合要求	合格□　不合格□

续表

检验部位				
检验项目			检查内容	检验记录
一般项目	3	避雷针（带、网）安装的质量要求	安装位置及高度应符合设计要求	合格□ 不合格□
			避雷带（网）安装应平直、牢固，支件间距均匀一致	合格□ 不合格□
			防雷引线应采用焊接连接，与接地装置连接应用镀锌螺栓连接	合格□ 不合格□
			独有避雷针的垂直度每米偏差不应大于3mm，全长偏差不应大于顶节直径	合格□ 不合格□
			独立避雷针及其接地装置与道路或建筑物的出入口及接地网的距离应大于3m	合格□ 不合格□
	4	接地沟回填的质量要求	接地沟的回填宜选取未掺有石块及其他杂物的泥土，并应分层夯实。在回填后的沟面应筑有防沉层，其高度宜为100～300mm。工程移交时回填处不应低于地面	合格□ 不合格□
	5	防腐的质量要求	漆色标志应清晰、正确，防腐完整，无遗漏	合格□ 不合格□
	6	接地电阻	接地电阻测试值（Ω）	

备注	
检验结论	

检验人员：　　　　　　　　　　　　　　年　　月　　日

电气和仪表安装

防爆电气安装工程平行检验记录

工程名称： PJ-DQ-FB-01

检验部位			
检验项目		检查内容	检验记录
主控项目	1	防爆电气设备的类型、级别、组别、环境条件以及特殊标志等应符合设计的规定	合格□ 不合格□
	2	防爆电气设备应有"EX"标志和标明防爆电气设备的类型、级别、组别的标志的铭牌,并在铭牌上标明国家指定的检验单位发给的防爆合格证号。	合格□ 不合格□
	3	爆炸、火灾危险环境使用的电缆,其规格、型号应符合设计要求	合格□ 不合格□
	4	爆炸、火灾危险环境导管与设备、导管与导管的连接应采用相应等级的防爆产品,隔离密封的制作与安装应符合 GB 50257—2014 的要求	合格□ 不合格□
一般项目	1	钢管配线	对于有防爆要求的场所,导管与灯具、接线盒、开关等的螺纹连接处应紧密牢固,在螺纹上涂以电力复合脂或导电性防锈脂	合格□ 不合格□
			金属导管应可靠接地,除设计有特殊规定外,镀锌导管连接处不做跨接线	合格□ 不合格□
			管路之间不应采用倒扣连接;当连接有困难时,应采用防爆活接头,其接合面应密贴	合格□ 不合格□
			金属导管的接地及连接应符合 GB 50303—2015 的要求	合格□ 不合格□
	2	电缆线路	检查防爆区域内电缆是否接头,如果有是否符合设计文件及规范的要求。	合格□ 不合格□
			电缆线路穿过不同危险区域时以及两级区域交界处的电缆沟和保护管两端的管口处的隔离密封措施是否符合 GB 50257—2014 的要求	合格□ 不合格□

续表

检验部位				
检验项目			检查内容	检验记录
一般项目	2	电缆线路	电缆通过与相邻区域共用的隔墙、楼板、地面及易受机械损伤处均应加以保护，孔洞应堵塞严密	合格□ 不合格□
	3	接地安装	电气设备（包括移动设备）非带电裸露金属部分均应接地	合格□ 不合格□
			设备、机组、容器与接地线应采用螺栓连接，连接应紧密，接触良好，并应涂电力复合脂	合格□ 不合格□
			跨接线应连接紧密，接触良好，且便于设备、管线的检修	合格□ 不合格□
	4	电缆引入装置	防爆电气设备、接线盒的进线口，引入电缆后的密封情况进行检查，应符合 GB 50257—2014 的要求	合格□ 不合格□
			引入装置与电缆外径是否匹配，严禁因电缆外径不合适采用缠绕外物或者去掉电缆外皮	合格□ 不合格□
备注				
检验结论				

检验人员：　　　　　　　　　　年　　月　　日

电缆试验旁站记录

工程名称： PZ-DQ-DL-01

旁站的关键部位、关键工序	高压电缆试验	施工单位	
旁站开始时间	年 月 日 时 分	旁站结束时间	年 月 日 时 分

旁站的关键部位、关键工序施工情况：

一、旁站部位

_____（电缆敷设完毕，电缆附件安装完成），对该电缆试验过程实施旁站。电缆型号：_____ 长度：_____ m

二、施工情况：

- 试验班组负责人到场情况。（已到场、未到场）
- 试验人员资质、持证情况。（已报验、未报验）
- 试验设备已经报验，并符合试验要求。（符合要求、不符合）
- 试验项目_____。（齐全、不齐全）
- 电缆耐压前后均要做绝缘测试（符合、不符合）
- 绝缘测试所用挡位_____MΩ满足试验要求，绝缘电阻值前_____MΩ 后_____MΩ。
- 升压过程平稳，无放电、无爬弧，达到额定试验电压_____kV（符合、不符合）
- 试验安全措施到位、通讯畅通（符合、不符合）
- 试验结论（合格、不合格）

其他：

发现的问题及处理情况：

旁站监理人员（签字） 年 月 日

注：本表一式一份，项目监理机构留存。

电缆（中间、终端）制作旁站监理记录

工程名称： PZ-DQ-DL-02

旁站的关键部位、关键工序	电缆（中间、终端）制作	施工单位	
旁站开始时间	年　月　日 时　　分	旁站结束时间	年　月　日 时　　分

旁站的关键部位、关键工序施工情况：

一、旁站部位：

_____（电缆敷设完毕），对改高压电缆制作电缆（中间、终端头）实施旁站。电缆型号：_____ 长度：_____ m

二、施工情况：

1. 施工负责人（技术员）到场情况。（已到场、未到场）

2. 电缆终端与接头的制作应严格遵守制作工艺规程（合格、不合格）

3. 制作过程，从剥切电缆开始应连续操作直至完成，缩短绝缘暴露时间（合格、不合格）

4. 剥切电缆时不应损伤线芯和保留的绝缘层。半导体层剥除时，应将主绝缘上半导体残留物清除干净，半导体层切断处应平整。（合格、不合格）

5. 电缆线芯连接时，应除去线芯和连接管内壁油污及氧化层（合格、不合格）

6. 压接模具与金具应配合恰当。压接后应将端子或连接管上韵凸痕修理光滑，不得残留毛刺（合格、不合格）

7. 电缆线芯连接金具，应采用符合标准的连接管和接线端子，其内径应与电缆线芯紧密配合，间隙不应过大，截面宜为线芯截面的1.2~1.5倍，采用压接时，压接钳和模具应符合规格要求（合格、不合格）

8. 装配、组合电缆终端和接头时，各部件间的配合或搭接处必须采取堵漏、防潮和密封措施（合格、不合格）

9. 其他：

发现的问题及处理情况：

　　　　　　　　　　旁站监理人员（签字）　　　　　年　　月　　日

注：本表一式一份，项目监理机构留存。

高压设备试验旁站记录

工程名称： PZ-DQ-SY-03

旁站的关键部位、关键工序	高压器试验	施工单位	
旁站开始时间	年　月　日 时　分	旁站结束时间	年　月　日 时　分

旁站的关键部位、关键工序施工情况：

一、旁站部位

　　　　　　　　（高压电器、盘柜、GIS 等）设备及附件安装完毕，达到试验条件，对该设备试验进行旁站。

二、施工情况：

1. 试验班组负责人到场情况。（已到场、未到场）
2. 试验人员资质，持证情况。（已报验、未报验）
3. 试验设备已经报验，并符合试验要求。（符合要求、不符合）
4. 试验项目及试验过程符合 GB 50150—2016 的要求。（符合、不符合）

　试验项目：

5. 试验现场安全措施到位、通信畅通（符合、不符合）
6. 试验结论（合格、不合格）
7. 其他：

发现的问题及处理情况：

旁站监理人员（签字）　　　年　月　日

注：本表一式一份，项目监理机构留存。

电容器冲击合闸试验旁站记录

工程名称： PZ-DQ-SY-04

旁站的关键部位、关键工序	电容器冲击合闸试验	施工单位	
旁站开始时间	年 月 日 时 分	旁站结束时间	年 月 日 时 分

旁站的关键部位、关键工序施工情况：

一、旁站部位：_____电容器冲击合闸试验，对试验过程实施旁站。

二、施工情况：

1. 试验班组负责人到场情况。（已到场、未到场）
2. 试验人员资质，持证情况。（已报验、未报验）
3. 电容器组及与之相配套的断路器及控制保护回路电流、电压测量装置安装完成后，在额定电压下，对电容器组进行三次合、分闸冲击试验；

测量电流（1）A_____ B_____ C_____
　　　　　（2）A_____ B_____ C_____
　　　　　（3）A_____ B_____ C_____

4. 冲击合闸试验时，应测量每相电流。试验前应将测量电流互感器事先接于测量回路中
5. 三相电流不平衡时，应检查电容器组熔断器有无熔断，电容量是否合适。检查前应对电容器两极间充分放电，防止熔断器熔断使电容器带有残余电荷
6. 其他：

发现的问题及处理情况：

旁站监理人员（签字）　　　　　　年　月　日

附录三 架空电力线路工程标准化监理类

材料进场平行检验记录

工程名称： PJ-JKXL-CL-01

检验项目		检查内容				结果
资料检查	材料名称					
	报审表					
	自检清单	质检员签字是否符合要求				
	规格及数量	规格	数量	生产批号	其他	——
						——
						——
						——
						——
	质量证明文件	出厂合格证				
		质量证明文件、试验报告				
		是否符合设计文件的要求				
实物检查	符合性	规格与数量是否与报验清单相符				
		合格证是否与质量证明文件对应厂家相符				
	外观质量	规格型号符合要求				
		识别标志应清晰、牢固，并与实物相符				
		外观完好无损伤、无污迹、无锈蚀				
		附件及配件齐全完好				
		其他：				

检验结果：

依据：□ SY 4206—2007《石油天然气建设工程施工质量验收规范 电气工程》

□ GB 50173—2014《电气装置安装工程 66kV及以下架空电力线路施工及验收规范》

□ GB 50233—2014《110kV～500kV架空输电线路施工及验收规范》

其他：_____。

经检验，不合格_____项，不合格编号_____，不符合_____条规定。

检验人员（签字）： 年 月 日

土石方工程平行检验记录

工程名称：　　　　　　　　　　　　　　　　　　　　　PJ-JKXL-GTJC-01

检验部位			
检验项目		检查内容	检验记录
主控项目	1	土石方工程施工前应按设计交底进行施工测量	合格□　不合格□
一般项目	1　杆塔基础坑的质量要求	杆塔基础坑深的允许偏差为+100mm、-50mm，坑底应平整	合格□　不合格□
		110kV以上架空电力线路杆塔基础坑深偏差大于+100mm时，应按GB 50233—2014的有关规定进行处理	合格□　不合格□
		拉线基础坑深不允许有负偏差，当坑深超深后对拉线基础的安装位置与方向有影响时，其超深部分应填土夯实	合格□　不合格□
		同基杆塔基坑深度应一致	合格□　不合格□
		根开的中心偏差为±30mm	合格□　不合格□
	2　岩石基坑开挖的质量要求	坑深不应小于设计深度	合格□　不合格□
		嵌固式基础成孔应符合设计锥度	合格□　不合格□
		坑内石粉、浮土及坑壁松散活石应清除干净	合格□　不合格□
		岩石基础坑开挖不应破坏岩石构造的整体性	合格□　不合格□
备注：			
检验结论			

　　　　　　　　　　　　　　检验人员：　　　　　　　　　　　　年　　月　　日

现场浇筑基础工程平行检验记录

工程名称： PJ-JKXL-GTJC-02

检验部位				
检验项目			检查内容	检验记录
主控项目	1		现场浇筑基础所使用的钢材、水泥等原材料的品种、规格及混凝土强度应符合设计要求，并且应具有产品技术质量证明文件及钢材复验报告、水泥化验报告、混凝土强度试验报告	合格□　不合格□
	2		基础混凝土中不应掺入氯盐	合格□　不合格□
一般项目	1	场浇注基础养护及表面的质量要求	基础的养护及试块制作应符合规范规定	合格□　不合格□
			表面应平整，无明显缺陷	合格□　不合格□
			拆模时基础强度不应低于2.5MPa，且不应损坏基础表面和棱角	合格□　不合格□
			浇筑铁塔基础尺寸的误差，不应超过规定值	合格□　不合格□
			浇筑拉线基础尺寸的误差，不应超过规定值	合格□　不合格□
	2	地脚螺栓及预埋件的质量要求	安装应牢固、正确，无遗漏	合格□　不合格□
			螺栓应与基础面垂直	合格□　不合格□
			螺栓丝扣应完好	合格□　不合格□
			螺栓长度应符合设计要求，并涂防锈剂保护	合格□　不合格□
			整基铁塔基础尺寸允许误差应符合表2的规定	合格□　不合格□
			基础根开及对角线尺寸	合格□　不合格□
			基础顶面间或主角钢操平印间的相对高差	合格□　不合格□
			整基基础的扭转（分）	合格□　不合格□
备注：				
检验结论				
			检验人员：	年　月　日

装配式预制基础工程平行检验记录

工程名称： PJ-JKXL-GTJC-03

检验部位			
检验项目		检查内容	检验记录
主控项目	1	装配式预制基础的型号及规格应符合图纸要求，并且应具有产品技术质量证明文件	合格□ 不合格□
一般项目	1 基础的质量要求	表面应平整，无蜂窝、露筋、纵向裂缝等缺陷	合格□ 不合格□
		装配式预制基础的底座与立柱连接的螺栓、铁件及找平用的垫铁，应采取有效的防锈措施。当采用浇灌水泥砂浆时，应与现场浇筑基础同样养护，回填土前应将接缝处以热沥青或其他有效的防水涂料涂刷	合格□ 不合格□
		立柱倾斜时宜用热浸镀锌垫铁调平，每处不应超过两块，总厚度不应超过5mm。调平后的立柱倾斜不应超过立柱高的1%	合格□ 不合格□
	2 底盘与枕条安装的质量要求	安装应平正、牢固	合格□ 不合格□
		四周应回填夯实	合格□ 不合格□
		底盘圆槽面与电杆轴线应垂直	合格□ 不合格□
		调平垫铁每处不应超过两块	合格□ 不合格□
	3 拉线盘、卡盘安装的质量要求	混凝土电杆的卡盘，安装前应先将其下部的回填土分层夯实，安装位置与方向应符合图纸规定。安装深度误差为±50mm	合格□ 不合格□
		卡盘抱箍的螺母应紧固，卡盘弧面与电杆接触处应紧密	合格□ 不合格□
		拉线盘埋设的位置和方向应符合设计要求	合格□ 不合格□

备注：

检验结论：

检验人员：　　　　　　　　　年　　月　　日

岩石基础工程平行检验记录

工程名称：　　　　　　　　　　　　　　　　　　PJ-JKXL-GTJC-04

检验部位				
检验项目		检查内容		检验记录
主控项目	1	岩石基础所浇筑的混凝土或砂浆材料应符合设计要求，并应有产品技术质量证明文件或化验报告单		合格□　不合格□
	2	混凝土或砂浆的强度应符合设计要求		合格□　不合格□
一般项目	1	混凝土或砂浆浇筑的质量要求	浇筑时应分层浇筑，振动密实	合格□　不合格□
			灌注量不应小于设计规定值	合格□　不合格□
			养护应符合 GB 50233—2014 规定	合格□　不合格□
	2	钢筋或地脚螺栓安装的质量要求	安装应正确、牢固、无遗漏	合格□　不合格□
			埋入深度不应小于设计值	合格□　不合格□
			螺栓丝扣应完好无损	合格□　不合格□
			锚筋应有加固端头	合格□　不合格□
	3	基础成孔的质量要求	岩石基础成孔深度不应小于设计值	合格□　不合格□
			钻孔式的孔径允许偏差为+20mm，嵌固式（坛式）应大于设计值且应保证设计锥度	合格□　不合格□
备注：				
检验结论				

检验人员：　　　　　　　　　年　　月　　日

杆塔工程平行检验记录

工程名称： PJ-JKXL-GT-01

检验部位			
检验项目		检查内容	检验记录
主控项目	1	杆塔型号及规格应符合设计要求，并且应具有产品技术质量证明文件	合格□ 不合格□
	2	钢圈连接的钢筋混凝土电杆、钢圈焊缝的焊接应符合 GB 50173—2014 或 GB 50233—2014 规定，焊接后电杆分段及整根的弯曲度不应超过其对应长度的 2‰	合格□ 不合格□
一般项目	1	杆塔及各部件安装的质量要求	组装应紧密牢固，方向位置应正确，有空隙交叉处，应加相应厚度垫片	合格□ 不合格□
			杆塔组立及架线后，其允许偏差应符合表3的规定	合格□ 不合格□
			110kV 及以上拉线转角杆、终端杆、导线不对称布置的拉线直线单杆，在架线后拉线点处不应向受力侧挠倾。向反受力侧（轻载侧）的偏斜不应超过拉线点高的3‰；直线杆的倾斜，35kV 架空电力线路不应大于杆长的 3‰；10kV 及以下架空电力线路杆梢的位移不应大于杆梢直径的 1/2	合格□ 不合格□
			110kV 及以上铁塔组立后，各相邻节点间主材弯曲度不应超过 1/750	合格□ 不合格□
			以抱箍连接的叉梁的上端抱箍组装尺寸及横隔梁组装尺寸允许偏差应为±50mm	合格□ 不合格□
			35kV 及以下线路横担的安装应平正，安装偏差应符合 GB 50173—2014 的规定	合格□ 不合格□
			各金属部件不应使用气焊开、扩孔	合格□ 不合格□
			混凝土钢圈焊接后应进行除锈防腐	合格□ 不合格□
	2	混凝土电杆的质量要求	端头局部损伤应修补	合格□ 不合格□
			上端应封堵良好	合格□ 不合格□
			预应力杆不应有纵、横向裂缝，普通杆不应有纵向裂缝，横向裂缝宽度不应超过 0.1mm	合格□ 不合格□

续表

检验部位			
检验项目		检查内容	检验记录
一般项目	3 用螺栓连接构件的质量要求	螺栓穿入方向应符合 GB 50173—2014 或 GB 50233—2014 规定	合格□ 不合格□
		螺栓与构件面应垂直，连接应紧密、牢固	合格□ 不合格□
		每端加垫片不应超过两片	合格□ 不合格□
		承受剪切力的螺栓螺纹不应位于构件剪切面内	合格□ 不合格□
		紧固后螺杆外露长度：单母不少于 2 扣，双母应与螺母相平	合格□ 不合格□
		非防松螺栓应打冲或涂铅油	合格□ 不合格□
		线路杆塔的连接螺栓在组立结束后，架线前应全部紧固一次，架线后再全部复紧一遍。并按设计要求采取防松、防盗措施	合格□ 不合格□
		110kV 及以上线路杆塔螺栓紧固扭矩应符合设计要求或 GB 50233—2014 的规定	合格□ 不合格□
	4 塔脚板与保护帽的质量要求	塔脚板应与基础面接触良好	合格□ 不合格□
		塔脚板与保护帽之间有空隙处应加垫铁，并灌注水泥砂浆	合格□ 不合格□
		保护帽的混凝土应与塔脚板上部铁板结合严密	合格□ 不合格□
		保护帽不应有裂缝	合格□ 不合格□

备注：

检验结论

检验人员：　　　　　　　　　　年　　月　　日

拉线安装工程平行检验记录

工程名称： PJ-JKXL-LX-01

检验部位				
检验项目			检查内容	检验记录
主控项目	1		拉线安装工程所使用的金具及镀锌钢绞线及顶（撑）杆的型号、规格应符合设计要求，并应具有该批产品技术质量证明文件	合格□ 不合格□
一般项目	1	拉线与拉线棒组装的质量要求	应呈一直线	合格□ 不合格□
			腐蚀严重地区拉线棒应进行加强防腐处理	合格□ 不合格□
			35kV 及以上线路拉线对地夹角允许偏差不应大于 1°；10kV 及以下线路拉线对地夹角允许偏差不应大于 3°	合格□ 不合格□
			X 形拉线交叉点处应留有空隙	合格□ 不合格□
			同一基杆各拉线均应受力	合格□ 不合格□
			同一线路拉线棒出土长度应一致	合格□ 不合格□
	2	采用 NUT 型与楔型线夹的拉线的质量要求	线夹舌板与拉线接触应紧密	合格□ 不合格□
			拉线弯曲部分不应有明显松股	合格□ 不合格□
			尾线应与主线扎牢	合格□ 不合格□
			线夹处露出的尾线长度应为 300~500mm	合格□ 不合格□
			NUT 型线夹带螺母后的螺杆应露出螺纹，并应留有不小于 1/2 螺杆的可调螺纹长度，以供运行中调整；110kV 及以上 NUT 型线夹安装后应将双螺母拧紧并应装设防盗罩	合格□ 不合格□
	3	顶（撑）杆的安装的质量要求	顶杆底部埋深不宜小于 0.5m，且设有防沉措施	合格□ 不合格□
			与主杆之间夹角应满足设计要求，允许偏差为 ±5°	合格□ 不合格□
			与主杆连接应紧密、牢固	合格□ 不合格□
备注：				
检验结论				

检验人员： 年 月 日

导线架设工程平行检验记录

工程名称：　　　　　　　　　　　　　　　　　　　　　　　　PJ-JKXL-DX-01

检验部位			
检验项目		检查内容	检验记录
主控项目	1	导线架设工程所使用的导线及避雷线的材质及线径应符合设计要求，并应具有该批产品技术质量证明文件	合格□　不合格□
	2	不同金属、不同规格、不同绞制方向的导线或避雷线不应在一个耐张段内连接	合格□　不合格□
	3	导线及避雷线的压接连接应符合 GB 50173—2014 或 GB 50233—2014 的要求，采用接续管及耐张线夹连接的导线及避雷线，连接后握着强度与原线的保证计算拉断力之比：接续管不应小于95%，螺栓式耐张线夹不应小于90%	合格□　不合格□
一般项目	1	导线或避雷线架设的质量要求	导线的固定应正确、牢固，允许损伤程度及修补处理应符合 GB 50173—2014 或 GB 50233—2014 的规定	合格□　不合格□
			导线与连接管连接前应清除导线表面和连接管内壁的污垢，清除长度应为连接部分的2倍。连接部位的铝质接触面，应涂一层电力复合脂，用细钢丝刷清除表面氧化膜，保留涂料，进行压接。压接连接应符合 GB 50173—2014 或 GB 50233—2014 的规定	合格□　不合格□
			在同一档距内每根导线不应超过一个接头和三个补修管（张力放线不超过两个补修管）；接头位置的质量要求应符合要求	合格□　不合格□
			导线或避雷线各相间弧垂的相对偏差应符合要求	合格□　不合格□
			分裂导线同相子导线间弧垂的允许偏差应符合要求	合格□　不合格□
			最大弧垂时的交叉跨越距离应符合设计规定，紧线弧垂与设计弧垂的允许误差应符合要求	合格□　不合格□

续表

检验部位			
检验项目		检查内容	检验记录
一般项目	2　引流线安装的质量要求	连接接触应紧密、牢固，连接方式、绑扎尺度应符合设计要求	合格□　不合格□
		三相弧度应一致	合格□　不合格□
		使用压接引流线时，其中间不应有接头	合格□　不合格□
		引流线对杆塔及拉线等的电气间隙应符合设计规定	合格□　不合格□

备注：

检验结论

检验人员：　　　　　　　　　　　　　　年　　月　　日

附件安装工程平行检验记录

工程名称： PJ-JKXL-FJ-01

检验部位			
检验项目		检查内容	检验记录
主控项目	1	金具及绝缘子的型号与规格应符合设计要求	合格□ 不合格□
一般项目	1 金具安装的质量要求	金具镀锌层应完好，缺损处应补刷防腐漆	合格□ 不合格□
		绝缘子串、导线及架空地线上各种金具上的螺栓、穿钉及弹簧销子除有固定穿向外，其余穿向应统一，并应符合 GB 50173—2014 或 GB 50233—2014 规定	合格□ 不合格□
		铝质绞线与金具线夹夹紧时，除并沟线夹及使用预绞丝护线条外，安装时应在铝股外缠绕铝包带，缠绕时，所缠铝包带应露出线夹，但不宜超过 10mm，其端头应回缠绕于线夹内压住	合格□ 不合格□
		铝质引流连板及并沟线夹的连接面应平整、光洁，安装应符合 GB 50233—2014 规定	合格□ 不合格□
		金具连接应正确、可靠	合格□ 不合格□
		各相间隔棒安装位置应一致，分裂导线的间隔棒的结构面应与导线垂直，杆塔两侧第一个间隔棒的安装距离偏差不应大于次档距的±1.5%，其余不应大于次档距的±3%，各相间隔棒安装位置应相互一致	合格□ 不合格□
		防振锤、阻尼线安装应垂直于地面，防振锤及阻尼线安装距离偏差不应大于±30mm	合格□ 不合格□
	2 绝缘子安装的质量要求	表面应清洁干净，瓷釉无损、无裂纹	合格□ 不合格□
		硅橡胶绝缘子不应有缺损、破裂	合格□ 不合格□
		采用悬垂线夹的绝缘子串应垂直于地面	合格□ 不合格□
		针式绝缘子及瓷横担安装应牢固，瓷横担直立安装时，顶端顺线路歪斜不应大于10mm，水平安装时顶端顺线路歪斜不应大于20mm，其顶端宜向上翘起5°~15°	合格□ 不合格□
备注：			
检验结论			
		检验人员：	年 月 日

杆上电器设备及接户线安装工程平行检验记录

工程名称： PJ-JKXL-GSDQ-01

检验部位				
检验项目		检查内容	检验记录	
主控项目	1	接户线各部的电气距离应符合设计要求，双电源引入的接户线应相序一致	合格□	不合格□
	2	杆上电气设备的电气试验应符合GB 50150—2016的规定，交接试验合格才能通电	合格□	不合格□
一般项目	1	杆上电气设备安装的质量要求	安装应牢固可靠	合格□ 不合格□
			电气连接应接触紧密，不同金属连接，应有过渡措施	合格□ 不合格□
			瓷件应表面光洁，无裂缝、破损等现象	合格□ 不合格□
	2	杆上变压器及变压器台安装的质量要求	水平倾斜不应大于台架根开的1/100	合格□ 不合格□
			一次、二次引线应排列整齐、绑扎牢固	合格□ 不合格□
			油枕、油位应正常，外壳应干净	合格□ 不合格□
			接地应可靠，接地电阻值应符合规定	合格□ 不合格□
			套管压线螺栓等部件应齐全	合格□ 不合格□
			呼吸孔道应通畅	合格□ 不合格□
	3	跌落式熔断器安装的质量要求	各部分零件应完整	合格□ 不合格□
			转轴应光滑灵活，铸件不应有裂纹、砂眼、锈蚀	合格□ 不合格□
			瓷件应良好，熔丝管不应有吸潮膨胀或弯曲现象	合格□ 不合格□
			熔断器应安装牢固、排列整齐，熔管轴线与地面的垂直夹角为15°~30°。熔断器水平相间距离不应小于500mm	合格□ 不合格□
			操作应灵活可靠、接触紧密。合熔丝管时上触头应有一定的压缩行程	合格□ 不合格□
			上、下引线应压紧，与线路导线的连接应紧密可靠	合格□ 不合格□

续表

检验部位				
检验项目		检查内容	检验记录	
一般项目	4 杆上断路器和负荷开关安装的质量要求	水平倾斜不应大于托架长度的1/100	合格□	不合格□
		引线连接应紧密,当采用绑扎连接时,长度不应小于150mm	合格□	不合格□
		外壳应干净,不应有漏油现象,气压不应低于规定值	合格□	不合格□
		操作应灵活,分、合位置指示应正确	合格□	不合格□
		外壳应接地可靠,接地电阻值符合规定	合格□	不合格□
	5 杆上隔离开关安装的质量要求	瓷件应良好	合格□	不合格□
		操作机构动作应灵活	合格□	不合格□
		隔离刀刃合闸时接触应紧密,分闸后应有不小于200mm的空气间隙	合格□	不合格□
		与引线的连接应紧密可靠	合格□	不合格□
		水平安装的隔离刀刃,分闸时,宜使静触头带电	合格□	不合格□
		三相连动隔离开关的三相隔离刀刃应分、合同期	合格□	不合格□
	6 杆上避雷器的安装的质量要求	瓷套与固定抱箍之间应加垫层	合格□	不合格□
		排列应整齐、高低一致,相间距离:1k~10kV时,不小于350mm;1kV以下时,不小于150mm	合格□	不合格□
		引线应短而直、连接紧密,采用绝缘线时,其截面应符合 SY 4206—2007 30.2.6.3 的规定	合格□	不合格□
		与电气部分连接,不应使避雷器产生外加应力	合格□	不合格□
		引下线接地应可靠,接地电阻值应符合设计规定	合格□	不合格□

续表

检验部位			
检验项目		检查内容	检验记录
一般项目	7 接户线架设的质量要求	各相间弧度应一致	合格□ 不合格□
		异种金属连接应有过渡措施	合格□ 不合格□
		档距内不应有接头	合格□ 不合格□
		采用绝缘线时，裸露部分应进行绝缘处理	合格□ 不合格□
	8 进户支架安装的质量要求	进户支架安装应位置正确，固定牢靠，油漆完好	合格□ 不合格□

备注：

检验结论

检验人员： 年 月 日

杆塔接地工程平行检验记录

工程名称： PJ-JKXL-JD-01

检验部位				
检验项目		检查内容	检验记录	
主控项目	1	接地体的材质、规格、埋深及接地电阻值应符合设计要求	合格□	不合格□
	2	接地装置连接应可靠，除设计规定的断开点可用螺栓连接外，其余应采用液压、焊接或爆压连接	合格□	不合格□
一般项目	1	接地体安装的质量要求		
		垂直接地体应垂直打入，水平敷设的接地体敷设应平直	合格□	不合格□
		倾斜地形应沿等高线敷设	合格□	不合格□
		两接地体间距不应小于5m	合格□	不合格□
		设计为环形时，安装应保持环形	合格□	不合格□
	2	接地装置连接的质量要求		
		接地引下线与杆塔的连接应良好，并便于打开测量	合格□	不合格□
		接地引下线应紧贴杆身，固定均匀牢固	合格□	不合格□
		圆钢搭接焊接应双面施焊，扁钢搭接焊接应四面施焊	合格□	不合格□
		焊接时搭接长度应符合 GB 50169—2016 的要求	合格□	不合格□
		液压或爆压连接时，接续管的型号与规格应与所压圆钢匹配。液压或爆压连接时，接续管的壁厚不应小于3mm、长度不应小于搭接时圆钢直径的10倍，对接时圆钢直径的20倍	合格□	不合格□
	3	接地沟回填的质量要求	接地沟的回填宜选取未掺有石块及其他杂物的泥土，并应分层夯实。在回填后的沟面应筑有防沉层，其高度宜为 100～300mm。工程移交时回填处不应低于地面	合格□	不合格□
备注：				
检验结论				

检验人员： 　　年　月　日

混凝土浇筑旁站记录

工程名称：　　　　　　　　　　　　　　　　　　PZ-JKXL-JZ-01

旁站的关键部位、关键工序		施工单位	
旁站开始时间	年　月　日 时　分	旁站结束时间	年　月　日 时　分
施工情况	1. 施工单位质检员、施工员等到位情况。（　） 2. 振捣设备就位及完好情况。（　） 3. 钢筋、模板是否验收合格。（　） 4. 预拌制混凝土厂家名称＿＿＿＿＿＿＿＿＿。 5. 混凝土技术参数，强度等级＿＿＿＿＿，抗渗等级＿＿＿＿，坍落度设计值＿＿＿＿＿，混凝土浇筑量＿＿＿＿＿ m^3。 6. 是否对作业人员进行安全技术交底。（　） 7. 现场抽测坍落度值＿＿＿＿＿＿＿＿＿。 8. 试块留置情况：同条件养护＿＿＿＿组，标准养护＿＿＿＿组；抗渗试块＿＿＿＿组。 9. 其他情况：		
监理情况	1. 经检查施工用料符合设计要求。（　） 2. 混凝土坍落度符合规范要求。（　） 3. 混凝土试块留置符合规范要求。（　） 4. 施工过程中钢筋无跑位，模板无变形。（　） 5. 施工单位质检员能够履行管理职责。（　） 6. 其他情况：		
发现的问题及处理情况：			
		旁站监理人员（签字）　　　　年　月　日	